科 学 年 少

培养少年学科兴趣

宇宙在召唤

Más allá de las estrellas

[西]亚历克斯·里维罗 著

Álex Riveiro

朱婕 译

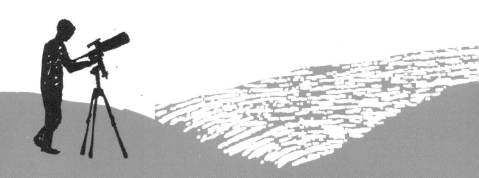

CS K 湖南科学技术出版社·长沙

推荐序

北京师范大学副教授　余恒

　　很多人在学生时期会因为喜欢某位老师而爱屋及乌地喜欢上一门课，进而发现自己在某个学科上的天赋，就算后来没有从事相关专业，也会因为对相关学科的自信，与之结下不解之缘。当然，我们不能等到心仪的老师出现后再开始相关的学习，即使是最优秀的老师也无法满足所有学生的期望。大多数时候，我们需要自己去发现学习的乐趣。

　　那些看起来令人生畏的公式和术语其实也都来自于日常生活，最初的目标不过是为了解决一些实际的问题，后来才逐渐发展为强大的工具。比如，圆周率可以帮助我们计算圆的面积和周长，而微积分则可以处理更为复杂的曲线的面积。再如，用橡皮筋做弹弓可以把小石子弹射到很远的地方，如果用星球的引力做弹弓，甚至可以让巨大的飞船轻松地飞出太阳系。那些看起来高深的知识其实可以和我们的生活息息相关，也可以很有趣。

　　"科学年少"丛书就是希望能以一种有趣的方式来

激发你学习知识的兴趣，这些知识并不难学，只要目标有足够的吸引力，你总能找到办法去克服种种困难。就好像喜欢游戏的孩子总会想尽办法破解手机或者电脑密码。不过，学习知识的过程并不总是快乐的，不像玩游戏那样能获得快速及时的反馈。学习本身就像耕种一样，只有长期的付出才能获得回报。你会遇到困难障碍，感受到沮丧挫败，甚至开始怀疑自己，但只要你鼓起勇气，凝聚心神，耐心分析所有的条件和线索，答案终将显现，你会恍然大悟，原来结果是如此清晰自然。正是这个过程让你成长、自信，并获得改变世界的力量。所以，我们要有坚定的信念，就像相信种子会发芽，树木会结果一样，相信知识会让我们拥有更自由美好的生活。在你体会到获取知识的乐趣之后，学习就能变成一个自发探索、不断成长的过程，而不再是如坐针毡的痛苦煎熬。

曾经，伽莫夫的《物理世界奇遇记》、别莱利曼的《趣味物理学》、伽德纳的《啊哈，灵机一动》等经典科普作品为几代人打开了理科学习的大门。无论你是为了在遇到困难时增强信心，还是在学有余力时扩展视野，抑或只是想在紧张疲劳时放松心情，这些亲切有趣的作品都不会令人失望。虽然今天的社会环境已经发生了很大的变化，但支撑现代文明的科学基石仍然十分坚实，建立在这些基础知识之上的经典作品仍有重读的价值，只是这类科普图书数量较少，远远无法满足年轻学子旺盛的求知欲。我们需要更多更好的故事，帮助你们适应时代的变化，迎接全新的挑战。未来的经典也许会在新出版的作品中产生。

希望这套"科学年少"丛书能够帮助你们领略知识的奥秘与乐趣。让你们在求学的艰难路途中看到更多彩的风景，获得更开阔的眼界，在浩瀚学海中坚定地走向未来。

在一生中，总有一刻，我们会情不自禁肆意畅想，想象遥远的、围绕着其他恒星旋转的世界，那里居住着与人类相似的生命。我们希望了解，他们长什么样？能去到银河系的其他地方吗？能运用虫洞等其他机制实现穿越吗？他们的家是什么样？

作为好奇的动物，我们经常问自己一个问题：人在宇宙中是否孤独？《宇宙在召唤》不能回答这个问题。事实上，现在无人能够给出确切的答案。也许人类确实是孤独的，但也有迹象表明这是一种不切实际的幻想。

因此，寻找外星智慧生命是天文学中最有趣的一个领域，在这个过程中，我们希望寻找与人类经历完全不同的生命。他们也许爱好和平，也许偏好斗争，但大概和我们一样，历经千辛万苦才走到今天。

也许在眼前这场旅程中，你会发现，真正的问题不是人类在宇宙中是否孤独，而是在太阳系之外，一切是否仍像我们想象的那样，由一座座田园诗般的世界组成……

亚历克斯·里维罗

目　录

序言

　　小时候，我们最常问自己的一个问题就是，夜空中的那些小亮点是什么？后来，我们知道了它们是恒星，就像白天的太阳。有一些恒星周围可能还围绕了行星。在漫漫银河系的某些小世界中，或许还进化出了宜居的条件。也许那里会存在生命，就像你和我，同样也在询问自己，在银河系其他地方是否也有相似的生命……

　　一旦想到这个问题，一连串疑问就会在脑海中浮现，并伴随我们一生：我们在宇宙中是孤独的吗？太阳系其他地方有生命吗？银河系中呢？银河系里存在多少种文明？整个可观测宇宙中又有多少文明？人类是第一个出现在宇宙中的生命体吗？其他文明的科技水平如何？它们之间如何沟通？可以借助宇宙飞船去往其他星球吗？有能力扩张到整个银河系，殖民其他星球吗？诸如此类的问题数不胜数，因为人类生来好奇，我们就是探索家。

　　因此，随着时间的流逝，也随着人类逐渐涉足地球上除了深海之外的最远角落，自然而然，我们便放眼于那些小小的星点。在思考过银河系其他智慧生灵可能是什么样子之后，随之而来的是离我们更近的、更确切的问题……

可能在宇宙其他地方找到生命吗？地球之外，还有其他智慧生灵吗？如果答案是肯定的，那这些文明在哪里？未来可能与他们取得联系吗？如果答案是否定的，那原因又是什么呢？我们所在的宇宙就是适宜生命发展的，人类的存在就是最好的证明。但为什么地球是银河系中唯一一个宜居星球呢？这看似是不可能的，但在找到反证之前，已知的唯一一颗宜居星球只有一个：地球。

英国著名作家、传奇的《太空漫游》系列（其中包括《2001：太空漫游》）作者亚瑟·查理斯·克拉克（Arthur C. Clarke）曾给我们留下一句名言，精妙地回答了以上问题："有两种可能性：要么我们是宇宙的唯一，要么宇宙中还存在其他生命。这两种情况都同样地骇人。"

这并不夸张。如果我们是孤独的，引用 20 世纪另一位天才学者卡尔·萨根（Carl Sagan）的话来说就是：多么浪费空间啊。但如果我们不是孤独的，又不得不提到史蒂芬·霍金（Stephen Hawking）等人的疑虑和警告：

向银河系其他地方发送信息是否是明智的行为呢？如果有更具侵略性，且更加先进的文明怎么办？也许它正是在等一个信号，一旦得知人类或其他文明的存在，便可以踏上寻找的旅程，结束这些文明短暂的一生。又或许，正相反，发送信息是唯一一种方式，能够让银河系其他文明知道我们在这里，让他们知道他们并不孤单，我们也并不孤独……

　　在这本书中，你不会获知银河系其他地方是否真的有生命，这是一个尚无法得出结论的问题。但你会明白为什么可能有，为什么可能没有。你也会看到科学家们是如何努力在太阳系或银河系其他地方寻找生命，以求揭开这一谜题。我们还会探讨，这些文明可能是什么样子，如何与他们沟通交流，等等。但也许旅途之终，你会发现，对其他生命的搜寻其实更有助于我们深入了解地球上的一切……

第一章
我们为什么在这里？

也许仅用几个字就可以问出世界上最复杂的问题……我们为什么存在？我问的不是每个人生存的意义，也不是人作为一个物种为什么存在（在这方面，可以说，我们存在的目的就是让人类这个物种长久延续下去），而是更进一步：宇宙中为什么有生命？这个问题背后隐藏着一系列复杂的可能性。有一些既充满趣味又令人费解：理论上说，如果我们的宇宙是宜居的，且拥有必要条件，那么也应当存在不宜居的宇宙。

如果是这样的话，那人类必然会存在，换句话说，因为宇宙宜居，所以我们存在。其他不具备合适条件的宇宙，将永远不会孕育可以问出类似问题的生物。

本书的目的也不是深入探讨宇宙学，研究那些可能证实我们的宇宙不唯一的不同观点。但至少从理论上讲，可能存在其他宇宙。假如这一说法属实，那么我们存在的原因是其他宇宙中没有生命诞生。以此类推，也许还

宇宙在召唤

有很多宇宙，甚至有人认为还有无限多个宇宙，也是适宜生命发展的。

如果不考虑这些可能性，那么我们会面临一个显然没有答案的事实，但同时又可以提出一些能够尝试回答的问题。很明显，无论因为什么原因，就算有诸多宜居和不宜居宇宙，我们就在这里，不管这是出于偶然，还是说我们确实是多元宇宙的一部分。大约35亿年前，生命出现在了地球上。但这还不是真正有趣的问题。生命还可以出现得更早吗？在宇宙的历史中，地球是第一个出现生命的星球吗？第一颗宜居星球最早可以在何时出现？第一颗可以提供宜居条件的岩石行星又是什么时候诞生的呢？

让我们回到宇宙大爆炸的时刻。138亿年前，宇宙开启了它的旅途。在诞生后的第一秒，已然发生深刻的改变。它的大小从比原子还小扩张到数十光年之大。基本力（又称自然力）被分离出来，成为我们所熟知的四种力：强核作用力、弱核作用力、电磁力和引力。诞生后的几分钟内，宇宙最早的元素出现了：氢、氦和少量的锂。

因此，第一批恒星只能依靠这些元素形成。它们比太阳的质量更大，但寿命却很短，只有几百万年，在其内部，会形成更重的元素。在那些巨大的恒星熔炉中，在天文尺度上极短的一瞬，生成了生命所必需的氧、氮、碳、铁……

从元素的多样性来看，宇宙正在逐渐丰盈起来。在其诞生后 1.5 亿年至 2 亿年之间，第一批恒星和星系形成了。以此可以预估生命的起点，也就是稍后的某一时刻，当更重的元素积累到一定程度，足以促成生命出现的必要条件时。

除此之外，行星也需处于恒星的宜居带中。简而言之，宜居带是指恒星周围一定的距离范围，在这个范围内，可能存在液态水。如果离开宜居带，距离恒星更近，那么温度就会过高。如果距离更远，温度又会过低。这一规律适用于任何一种恒星，甚至对于那些在太阳形成之前即存在了数十亿年的恒星也是一样。

但是，现在提及的只是我们暂时所能够了解到的生命形式。是否可能存在非碳基生命的其他生命形式？比如说……硅基生命？理论上是可行的，尽管有迹象表明它可能比想象中更复杂。但不能仅仅局限于假设，我们需要从某处落脚，利用已知的事实进行探究，这才是合乎逻辑的举动。也就是说，应当从地球，以及地球上的生命谈起。此时，我们要再次回到宜居带的话题。水是必不可少的元素，因此我们需要找到一颗类似地球的星球，与恒星保持一定的距离，使得其表面能够出现液态水。

几年前，哈勃太空望远镜拍摄了球状星团"梅西叶4号"。球状星团是巨大的恒星群，有的甚至包含上百万颗恒星，例如已知最大的球状星团"半人马座欧米伽星团"，其中遍布非常古老的恒星。在"梅西叶4号"中，哈勃太空望远镜观测到了一颗类似于木星的行星，质量是木星的2.5倍。那是一颗主要由氢组成的气态巨行星，但相比之下，其年岁更加古老。据探测，它的年龄约为130亿年。由此可以说明，宇宙诞生不到10亿年，第一批恒星就产生了。随着时间的推移，越来越多的研究涌现，推算出更多更精确的结果。有研究表明，宇宙大爆炸后仅3亿年，第一批恒星可能就开始形成了。

但这些恒星寿命太短，不足以支持生命的出现。毕竟这时还是宇宙的早期，此时的恒星比太阳质量更大，但寿命更短。这仿佛宇宙开的一个玩笑，大质量恒星的生命比小质量的更短暂。太阳将存活 100 亿年，而最著名的恒星之一参宿四，质量比太阳大得多，寿命却仅有 1000 万年。红矮星（比邻星）则可能存活至 4 万亿年之久，比太阳要长寿许多。

换句话说，早期宇宙还需继续成长，才能够孕育质量较小、寿命更长的恒星。据估计，第一批类太阳恒星、其周围的类地行星以及生命所需的丰富元素可能出现在生命出现前的 20 亿年左右。理论上讲，此时便没有什么可以阻止生命的诞生了。那么这是否可以说明生命已在宇宙中存在了数十亿年？是否还有比地球进化历史更长的行星？

你的内心一定有一种十分强烈的欲望，想用"是"来回答这个问题。但请不要忘记，我们还不知道生命是如何在地球上出现的。太阳系已有 45 亿年的历史，但与宇宙初期诞生的行星系统相比，它实在是太年轻了。此外，人们还发现，一旦符合条件，地球上就出现了生命。有证据表明，早在 35 亿年前，地球上就有了生命，甚至有可能更早，可以追溯到 40 亿年前。唯一的问题在于，地球是唯一一个已知有生物居住的星球。

因此，我们面临许多难以深入挖掘的问题。比如说，在一颗宜居星球上，一旦满足条件就出现生命，这个情况是常见的吗？答案也许是肯定的，也许是否定的。如果一颗星球是宜居的，那就一定可以孕育生命吗？此时可以假设情况并非如此，因为在太阳系中，数十亿年前，金星和火星都曾具备适宜居住的条件，可以说在很长一段时间之内，它们曾和地球十分相似。

然而，至少现在，火星上尚未发现任何生命迹象。但这种可能性并不能被排除，远远不能。实际上，人类对火星的探索正处于十分关键的阶段，以"毅力号"为代表的火星探测任务就是希望确定生命是否曾经在那里诞生。

但金星的情况就不一样了。由于其恶劣的条件（平均气温 460 ℃，气压是地球的 92 倍），对于金星的探索十分困难，因此我们对它的了解尚不如火星深入，仍存在很大的空白，无法确定金星上是否曾具有生命。短期内，这一状况也并不会得到改善。因为尽管已规划了一些探测任务，如俄罗斯联邦航天局的"金星-D"（Venera-D）项目，但现阶段人类的目光还是更多聚焦于火星。

但不论怎样，我们还是可以假设并非所有可能宜居的星球都能孕育生命。这是合乎逻辑的，因为仅与恒星保持适当距离是不够的，如果行星没有大气，或者其大气过于浓厚，且由不适宜生命发展的元素构成，那生命一样无法诞生。在宜居带找到一颗星球是一回事，但与地球相似则是另一回事。它有可能仅仅是一个无法吸附住大气层的星球。

我们也可以用同样的视角回溯宇宙第一批行星。是否可能在110亿年前，生命就已经出现在银河系的某个地方？也许可能……也许不可能。或许在某处，曾发展出一段文明，但它仅仅是因为未能避免小行星的撞击而灭亡了。但我们还是不要想得那么远，为了更好地回答这些问题，还是应当从生命是如何在地球上出现的开始说起。对此，已有学者提出了不同的解释，当将银河系视作一个整体来看时，有一些想法则会显示出其独到之处。

让我们再次回到45亿年前，太阳系形成之初，当地球刚刚冷却下来的时候。对于生命出现在地球上的时间，一般不存在质疑，要么如某些研究所说，在地球形成后1亿年，要么就是距今37亿年前。但无论如何，生命很快就产生了。纵观地球历史，生命占据了很长的时间。但真正值得探讨的问题是，它是如何诞生的？第一个复杂分子是如何合成的？是什么促成了RNA的出现？这些元素又是从何而来？

苏联生物化学家亚历山大·奥帕林（Alexander Oparin，1894—1980）认为，有机生命体和无生命物质之间没有太大区别，也就是说，生命的特征是随着物质本身的进化而出现的。这就是"原始汤"理论，该理论让我们看到了一个与今日完全不同的地球。奥帕林提出，早期地球大气中含有大量的甲烷、氨、氢和水蒸气，这些都是生命出现的必要元素。

起初只有简单的有机溶液，其行为由内部原子的性质以及它们在分子结构中的排列形式所决定。逐渐地，这些有机化合物开始形成微观结构，它们又将成为原始生命诞生的前提。此外，奥帕林还认为，可能存在多种不同的微观结构，但只有一种或几种最适合生命的演化。

剩下的故事则会随着进化的进程徐徐展开。

20 世纪 20 年代，英国生物学家约翰·伯登·桑德森·霍尔丹（John Burdon Sanderson Haldane）也提出了与奥帕林十分相似的观点，并提出"自然发生论"。霍尔丹认为，地球的原始海洋就是一锅巨大的"原始汤"，海洋中存在不同的有机化合物，在合适的条件下，即可进化出生命。

不论奥帕林还是霍尔丹，他们的观点本质上是一致的：地球上最早的生命体是通过某种方式从无生命物质演化而来。为验证这一猜想，科学家们进行了不同的实验，其中最著名的当属"米勒－尤列实验"，在今天看来，它仍然十分引人注目，毕竟只需要一些特定条件即可开展实验。如果变量配比是正确的，那么顺着这个思路，很可能会产生生命。我们会在后面的章节详细介绍这一实验。

不论如何，"自然发生论"可能是一个说得通的答案。生命可以自主演化。继续往下想，会有另外一个问题出现在脑海中……这种情况在其他星球上常见吗？我们还无法回答这个问题，但它的答案有可能是肯定的。因为我们是由宇宙中最丰富的元素组成的，许多其他世界也许也是由同样的元素构成。在银河系的某些地方，可能会存在一些星球，它们的大气与45亿年前地球的大气十分相似。但"米勒－尤列实验"还是留下了一个巨大的谜题：生命的火花是什么？我们可以在很多地方找到不同类别的氨基酸，但这并不意味着有生命存在。因为宇宙中氨基酸的数量比地球生命所需的要多得多。

这又让人想到另一种观点，也许更具诱惑，因为它展现了一种既迷人又神秘的可能。面对"自然发生论"认为生命可能来源于地球上无生命物质的观点，又有人提出了"有生源说"。这大概是受众最广泛的一种假设，并且还在不断演变中。一些新的研究表明，该假说的适用范围可能很广，且存在不同的版本。

例如"传统有生源说"，它认为微生物在宇宙中无处不在。可能是小行星、彗星、流星……将微生物带去了其他星球，比如地球。这种假设看似合理，但却忽略了一个重要的问题……第一个微生物又是如何出现的呢？此外，它也存在一些缺陷：小行星如何撞击其他星球，才能使其携带的微生物存活下来，并适应新的环境？微生物又能在太空中生存多久？

也许正因无法解决这些问题，才出现了另一种更受人欢迎的版本，"温和有生源说"。该假说提出生命的基本构件是在太空中形成，并融入星云之中，与微生物无关。不要忘记，星云是由气体和尘埃组成的云雾状天体，在某些情况下，恒星可以自星云中产生。我们的太阳就是在一座星云中诞生的（更确切地说应当是在一片恒星形成区中，毕竟还有其他类型的星云），而根据"温和有生源说"，这片区域中可能已具有有机化合物。更激动人心的是，这一假说可能蕴含更大的价值。

以 1969 年坠落在澳大利亚的陨石"默奇森"（Murchison）为例，有研究表明，它含有 70 种氨基酸，其中包括构成生命所需的多种氨基酸。因此，也许生命的基本构件是在地球形成初期，由小行星和彗星与地球相撞而带来的。接下来的事，就交给地球的环境和流逝的时间吧。

这一假说所呈现的生命输送方式似乎是合理的。在恒星系统形成的初期，轨道尚未固定，整个系统仍处于逐渐趋于稳定的过程中。会有许多天体跟随运行轨道与行星相撞，并带来物质。其中，有一些行星可能无法提供生命所需的条件，也许因为处于宜居带之外，也许因为缺少大气，又或者由于其他原因。但其他一些行星则具备相关条件，无论生命是否诞生。

如果生命出现在这些行星上，比如地球，那么同样的生命也可能出现在该行星系统中的其他天体上。也就是说，如果"温和有生源说"是正确的，那么在彗星或小行星与行星相撞时，可能会有一小部分携带微生物的碎片被弹射到太空中。在经过数千年的宇宙航行后，它们可能会来到另一个世界。如果那里条件允许，这些出生在其他星球上的生命就会逐渐适应环境，并在新世界中慢慢进化。

此时最大的问题就是这些微生物是否能够存活下来。假设可以，那么地球的生命是否可能并非来自地球？是否有可能……生命曾出现于火星（或者金星），并借助小行星的撞击来到我们的星球？当然，顺序也可能刚好相反。如果在火星上找到了化石，那么就还有另一种可能性：地球古代的生命可以通过某种方式来到那颗红色的星球。

这一假说可以解释生命是如何在同一行星系统中移动，直到来到其他适宜生存的星球。有了这一观点作为支撑，我们就能够畅想一下行星系统 TRAPPIST-1 的生命分布情况。与太阳相比，TRAPPIST-1 是一颗很小的恒星，周围围绕着七颗岩石行星，其中三颗位于宜居带中。如果生命出现在了其中一颗星球上（尽管现阶段还没有任何确切的证据），那么它或许已来到了其他的行星中，生命因此得以扩张。由此，我们还可以更进一步。

近些年，天文学家在太阳系中发现了星际天体，即并非在我们的行星系中形成，而是在其他恒星周围形成的天体，其中多为小行星或彗星。人类观测到的第一个星际天体是"奥陌陌"（Oumuamua），于 2017 年末发现。第二个是"鲍里索夫"（Borisov），于 2019 年 8 月发现。二者均为"星际有生源说"打开了大门。一颗星际彗星在银河系中漫游了许久，终于来到了一个遥远且宜居的世界，生命也因此而诞生。

理论上讲这是可行的，星际天体确实存在。尽管可能性极低，但在宇宙的某个角落，某颗星际天体可能会撞向一颗行星。如果它携带着生命的元素（或者其内部含有某种微生物，在几百万年的星际旅行中仍存活了下来），它就可以将那些必要的成分带去那个适宜生命绽放的地方。

　　换句话说，这一假说为我们提供了一种可能性，在足够久远的时间尺度上，生命可以以一种自然而然的方式，逐渐传播到整个星系中。甚至还可以更进一步，因为恒星也可以离开自己的星系。银河系中就有许多超高速恒星，移动速度极快，连星系的引力都束缚不了它们。它们将在星际空间中漫游数十亿年或数百万亿年，最终，将有可能到达另一座星系。

　　让我们想象一下，其中一颗周围有生命居住的恒星，将与围绕它的行星系统一起遨游，且一直保持原样不变。此时，摆在我们面前的就是"星际有生源说"。这一假说认为，生命可以以有限的方式扩散到宇宙的其他地方。

　　在宇宙的历史长河中，"自然发生论"和"有生源说"都是很有可能发生的。也许在数十亿年前，在另一座星系或在银河系的不同角落，就曾出现过它们的身影。然而太阳系并不是一个热闹的地方，地球是这里唯一一个有生命居住的星球，至少是唯一一个有复杂生命体居住的星球。

当然，通过观测银河系，我们也尚未发现其他文明的存在。这里一定存在什么问题。我们是由宇宙中最广泛的元素组成的。银河系应当包含许多恒星，在其数十亿年的生命周期内，为周围的行星提供适宜生命居住的环境。但我们并没有在银河系中发现丰富的生命迹象，至少它们不是以文明的形式存在的。

不具备高等智慧的微生物或复杂生命体的数量可能十分庞大。但或许由于人类的科技尚处在发展的初步阶段，我们尚不能探测到它们。而这又会让人想到一个令人不安的问题，因为现实好像与常识相违背：太阳系是唯一有生命的地方吗？

答案也许会让人失望，地球上的生命很可能只是一个巧合，是由无数巧合造就的一件罕见的奇迹。有研究人员指出，比 DNA 更早出现的 RNA 完全可以通过化学反应自然出现在地球上。而这种事件发生的概率极低，在宇宙中可能只有这一次。所以人类无法在宇宙其他地方找到任何生命迹象，也许只是因为我们赢了一场中奖率极低的彩票吗？银河系有数千亿颗恒星，可观测宇宙中有数千亿座星系，想到这儿，我们很容易会否认这个观点，但不论如何，我们很难排除这种可能。

是什么促使生命的诞生？如果能够解答这个问题，那么我们只需要找到符合条件的地方，就可以找到生命。但我们并不知道到底是什么让生命出现在了地球上。既然无法直接找到使得我们存在的前提，就需要退而求其次：寻找和地球相似的地方，并期待在那里找到我们想要的东西……

第二章
解难题

如果在银河系找到了一颗行星，它与其恒星的距离适宜，且与地球的特征相似，那么它就有可能孕育生命。理论当然很简单，问题是它与现实之间总有一些差距。

在寻找外星生命方面，人类的技术尚处在发展初期。虽然已知系外行星的数量仍在持续增长，在 2021 年我写下这些文字时，已经发现了 4000 多颗系外行星，但我们还有很长的路要走。

还有许多行星还在等待科学家的确认。有一些可能是真实存在的，它们围绕在其他恒星周围。但也有一些恰巧相反，也许有迹象表明那里可能有东西，但经过全面的分析，发现那里其实什么都没有。就这样，已发现的系外行星数量会慢慢增多。但系外行星的探索受限于所应用的探测方式，其中最有效的办法还是"凌日法"。

这种方法需要科学家分析恒星的亮度，并从地球的角度观测亮度是否有减弱。因为亮度的减弱可能意味着有物体从恒星前面经过。而如果这种减弱现象是规律性的，那么根据亮度减少的百分比，就可以推测出该恒星周围有一颗行星。开普勒望远镜即是利用这种技术发现了数千颗系外行星，作为它的继任者，"TESS"卫星（Transiting Exoplanet Survey Satellite，凌日系外行星勘测卫星）也是用这种方式，在银河系其他地方观测到数千颗系外行星候选体。

但"凌日法"也存在许多问题。比如说，也许存在某颗行星，从地球的角度，永远无法观测到它经过恒星的路径，此时我们也将永远无法观测到它的凌日现象。"凌日"的意思就是，从我们的角度能够观测到物体从观测对象前经过。比如金星凌日或水星凌日，就是在地球上观测到这两颗星在某一特定时刻经过太阳面前。

此外，还需要考虑距离的问题。凌日现象会导致亮度的减弱，但它必须足够明显才能被探测到。比如行星距离恒星的距离需要足够近，或者行星应当足够大。拿木星举例，当它经过太阳面前时，太阳的亮度会下降1%左右。幅度并不大，但已经足以让人们观测到了（实际上，科学家已经发现很多与木星大小相当或甚至更大的系外行星了）。

而一颗地球大小的行星，只能遮挡太阳 0.01% 的光。此时就需要一台更加灵敏的望远镜，架设在太空中，才能捕捉到如此微小的亮度减弱。当然，随着科技的进步，观测这类凌日现象会变得越来越容易。

还有一种探测系外行星的方式，名为"径向速度法"，同样是需要很多技巧的。我们从小就学过，恒星系统是由一颗静止的恒星，以及周围围绕的行星、小行星、彗星等组成的。但事实上这并不正确。首先，所有的恒星都围绕着银河系的中心旋转。比如太阳就在以每小时828 000 千米的速度运行，整个太阳系也随之运动（没错，除了地球围绕太阳的公转，以及地球本身的自转之外，在你阅读这些文字的时候，你也在以每小时 828 000 千米的速度围绕着银河系中心旋转！）。其次，从恒星系统本身的角度来看，恒星也在围绕着质心旋转。所谓"质心"，就是指多个天体的质量中心，天体均围绕这一个点旋转。

还是用太阳来举例子。假设太阳系中只有太阳和地球，那么二者的质心就会极为接近太阳，但并不在太阳的中心（尽管前后相差只有几百千米）。太阳和地球均围绕这一共同的点转动，此时，太阳所做的圆周移动极其微小，地球在绕太阳公转一年的周期中，会导致太阳径向速度变化 0.1 m/s 左右。

现在让我们稍微调整一下，假设太阳系中只有太阳和木星，它们均处于现在的位置。此时，二者的质心在太阳系内所有天体中都是一个特例。尽管太阳的质量比木星大很多，但由于距离以及木星的质量，它们的质心位于太阳之外，距太阳中心 742 000 千米处。而太阳的半径为 696 000 千米。也就是说，太阳与木星的质心是位于前者上空 46 000 千米处。这是唯一一个质心位于太阳之外的情况。

换句话说，太阳和木星均围绕距太阳表面 46 000 千米的一个点旋转。而木星旋转的轨道要比太阳旋转的轨道大得多，所以木星在围绕太阳公转 12 年的周期中，会使太阳的径向速度产生约 12.4 m/s 的变化。因而，有趣的是，在计算太阳系的质心，进而计算它如何运动时，根据太阳周围天体的位置，一般只需考虑太阳的质心以及四颗巨行星的质心。

但这又意味着什么呢？如果天体周围存在一颗恒星，

就将会造成围绕质心的位移，那么通过分析它相对于其他天体的运动，就可以确定周围是否存在一颗行星。就算看不到运动路径也没关系，因为从地球的视角来看，恒星在远离我们时，它的光波会被轻微拉长，而在靠近我们时，光波会被轻微压缩。如果这种现象规律出现，那就说明这颗星周围存在一个天体。通过"径向速度法"，就可以确定导致这种位移现象的行星的最小质量是多少。在开普勒望远镜出现之前，这是最有效的办法之一。

当然也有其他的方法，比如"直接成像法"，能够非常确切地发现系外行星。在观测一颗恒星时，使用这种方式，就可以看到其周围的光点。但这种办法并不十分常用，因为只有行星距离恒星足够远，且行星的体积足够大，人们才能直接观测到它的亮光。

此外还有"引力透镜法"，即借助一个中间天体（通常为一颗恒星）来观测更遥远的恒星。中间天体的引力就像放大镜，放大更远的恒星的光芒。而如果作为中间天体的恒星有一颗行星，它的引力也造成放大效应，从而帮助我们发现它的存在。

以上就是一些常用的方法，它们各有各的优势和缺陷，让我们找到了各种各样的行星。其中一些离它们的恒星非常近，另一些则离得很远。此时就不得不谈及我们此前以及提到过的概念——宜居带。如果我们想在银河系的其他地方找到生命，那么应当关注的是那些与恒星距离合适，且表面有水的行星。

以太阳系为例，一般认为宜居带始于金星轨道附近。一些观点认为金星位于宜居带的内部边界（但是行星位于宜居带并不意味着它一定有适宜的条件，因为金星就是一颗"地狱星球"），一直延伸到火星轨道。另一些观点认为火星位于宜居带的外部边界，还有一些认为火星不处于宜居带之中。总之，每一颗恒星周围都会有一片宜居带。

这很好理解，因为如果恒星距离更远，那么能接收到的能量就更少，所以应当存在一片区域，在那里，所接收到的能量刚好能使星球表面出现液态水。那么对于与太阳类似的恒星来说，它们的宜居带也应与太阳系的大小相当。但宇宙中还存在比太阳质量更大、亮度更高的恒星，也有质量更小、亮度更低的恒星。

科学家们会使用"MK 分类系统"来给这些恒星分

类，用字母 O，B，A，F，G，K，M 来表示它们的等级，每一个等级下又用从 0 到 9 的数字来细分，0 表示温度最高，9 表示温度最低。此外，还会使用罗马数字标注恒星的亮度，从 0 到 Ⅶ，以便区分恒星的不同阶段。

恒星一生的大部分时间都处在主序期。在这一阶段，它们会把在形成时期积攒的氢聚变为氦。太阳在 45 亿年前就进入了主序期，接下来 45 亿年间，它仍将处于这一时期。所有处于主序期的恒星，无论大小如何，都由罗马数字 V 表示。那么太阳的分类就是 G2V，即恒星等级为 G，表面温度为 5 778 开尔文（K）或 5 500℃（数字 2），且处于主序期（罗马数字 V）。

* 等级为 O 的恒星温度介于 30 000 ~ 60 000 K 之间。主序星中的 O 型星比例仅有 0.00003%。该类恒星寿命仅有几百万年，并会以超新星爆发的形式结束生命，变为中子星或黑洞。

* 等级为 B 的恒星温度介于 10 000 ~ 30 000 K 之间，质量一般是太阳质量的 2 ~ 16 倍。主序星中的 B 型星比例大约为 0.125%。

* 等级为 A 的恒星温度介于 7 500 到 10 000 K 之间。

主序星中的 A 型星比例大约为 0.625%。每降低一个等级，就会出现更长寿的恒星，但距离太阳的寿命 100 亿年还很遥远。

* 等级为 F 的恒星温度介于 6 000～7 500 K 之间，质量一般为太阳质量的 1～1.4 倍。主序星中的 F 型星比例大约为 3.03%。

* 等级为 G 的恒星与太阳类似，常被称为"黄矮星"，质量一般为太阳质量的 0.8～1.2 倍，温度介于 5 000～6 000 K 之间。主序星中的 G 型星比例大约为 7.5%。

* 等级为 K 的恒星温度介于 3 500～5 000 K 之间，通常被称作"橙矮星"，质量一般为太阳质量的 0.6～0.9 倍。主序星中的 K 型星比例大约为 12%。该类别的恒星寿命比太阳长很多，能达到 150 亿年～450 亿年。

* 等级为 M 的恒星即"红矮星"，是宇宙中最冷的恒星，温度介于 2 000～3 500 K 之间。

主序星中数量最多的就是红矮星，大概占 75%，分布在宇宙各处。半人马座阿尔法星是距离太阳最近的恒星系统，只有 4.3 光年（1 光年即光在 365 天中走过的距离，将近 10 万亿千米）。其中，位于 4.24 光年外的"比邻星"是距离我们最近的恒星，它就是一颗红矮星。

从等级 O 到等级 M，恒星的寿命越来越长，周围宜居带也距其越来越近。因此你也许会觉得，红矮星应当适合孕育生命。但请不要忘记，我们还需要考虑很多其他方面的因素，事情并没有想象中那么简单。红矮星的宜居带距恒星太近了，比水星到太阳的距离还要近。

此时，宜居带中的行星会同步绕转，也就是说，行星自转所需的时间与绕恒星公转的时间一样长。月球与地球之间就存在这样的同步绕转，所以我们永远只能看到月球的一面。但这种情况在恒星和行星之间出现就有些麻烦了。因为行星总有一面是白昼，而另一面则永远是黑夜。在这两个半球之间，还会一直存在一片半明半暗的区域，仿佛太阳永远不会升起的拂晓或永不会落下的黄昏。

多年来，科学家们模拟了许多模型，尝试解释这类星球上的大气是如何运转的。一些科学家认为，来自两个半球的气流会在这片半明半暗的区域猛烈地冲撞交汇，从而在温度适宜液态水形成的地方，造成十分恶劣的生存条件。

还有一些科学家认为，这些星球的大气就仿佛巨型空调。白昼面的热浪会被吹向黑夜面，黑夜面的冷气也会被输送到白昼面，从而调和了整个星球的温度，使其变得宜居。但尽管如此，还是应当注意，红矮星与太阳并不相像。

　　首先，红矮星发出的光大部分位于红外光谱范围内。所以在红矮星周围的行星上，正午的天空就好像地球上的傍晚。

　　其次，尽管红矮星体积较小，它们可能是极为活跃的。它们能够爆发比太阳耀斑更加猛烈的恒星耀斑。这本身就是一个非常严峻的问题了，更不用提这些行星离恒星的距离更近，所以就像是比邻星附近的一颗行星，都得需要极强的磁场或极厚的大气，才能抵抗红矮星的物质抛射，留住大气。如果没有大气层，类似于地球上的生命就不可能出现。

　　好消息是，近些年，科学家发现并非所有的红矮星都是这样极端。比邻星和TRAPPIST-1都是极为活跃的红矮星，能够发出巨大的耀斑。但"罗斯128"（Ross 128）则是比较平静的红矮星，恒星活动与太阳类似。且在这类红矮星周围，可能存在具备宜居条件的星球。

同步绕转的问题也可能有相应的解决方案。与一般情况不同，这颗宜居的星球无需围绕恒星旋转，因为它的身份也可能是卫星，围绕在一颗巨大的行星身边。太阳系以外的行星被称为"系外行星"，那么这些卫星就叫作"系外卫星"。到目前为止，尚未发现任何系外卫星，但这并不能说明它们不存在于太阳系之外。

就在几年前，科学家们还认为红矮星周围不可能存在木星这样的巨行星。但2019年末，研究人员在一颗名为"GJ 3512"的红矮星周围发现了类似的巨行星。既然如此，那么在银河系某处，在某个红矮星的宜居带内，就可能存在近似木星的行星，与恒星同步绕转。就像木星一样，在这颗行星周围，也许会存在许多卫星。其中一颗或将与地球大小相当、质量相近，具备生命生存的必要条件。由于它不与恒星同步绕转，而是围绕行星旋转，所以它会更加适宜生命的进化。

由于主序星中绝大部分都是红矮星，所以这类恒星周围的宜居带是最值得研究的。毕竟它们的数量庞大，所有正在进行氢聚变的恒星中，有75%都是红矮星。如果它们附近不存在宜居星球，那就意味着我们排除了巨大一部分可能的选项。相反，如果可以证实红矮星周围存在宜居世界，那么我们面对的将会是一个生命有无限可能的宇宙。

然而，研究却得出了全然不同的结果，出现了各种各样的观点。有些给我们带来了希望，但有些却直接提出，应当放弃在红矮星周围寻找生命。

近些年，比太阳质量更小，但比红矮星质量更大的橙矮星开始获得更多的关注。它们的宜居带比红矮星的更远，而且从恒星活动上来讲，这类恒星也更加平静。其寿命能达到约150亿年到450亿年，足以支持生命的出现和演化。毕竟，地球上的复杂生命体是经历了数十亿年才出现的。

不管怎样，宜居带的概念是很简单的，也就是在适宜的距离上，行星表面可以出现液态水。宜居带的位置也不会一直保持固定，它会随着恒星的老去而移动。这对所有的主序星来说都是一样的。根据恒星的质量不同，宜居带可能会变近或变远，以确保其中的行星表面总有液态水存在。一般不太考虑质量更大的恒星，因为它们的寿命十分短暂，生命很难在这么短的时间内形成。

但还有很多方面需要研究。比如那些不处于主序期的恒星。末年恒星的周围是什么样？它们也拥有宜居带，且会随着恒星的变化而移动位置。用太阳系来举例，50亿年后，当太阳成为一颗红巨星，其宜居带也会外移到比今天更远的位置。几百万年后，冥王星这样遥远的地方就可能变得宜居。到那时，甚至如今看来都十分冰冷的（但也十分有趣的）木星和土星的卫星，都可能因为太过于接近太阳，而无法提供合适的生存条件。

那些恒星遗骸的周围呢？恒星死亡时会留下它的内核。对于小质量恒星来说（包括太阳），它们会变成白矮星，在极为漫长的时间中逐渐冷却。较大质量恒星会变成中子星，超大质量恒星则会变成黑洞。

针对不同的情况，科学家均开展了相关研究。在黑洞方面，有研究提出，那些质量足够庞大的超大质量黑洞（请原谅我表达上的冗余）周围可能存在一片宜居带。但它可能会十分接近事件视界，过了这个地方，连光都无法逃脱黑洞的引力。也就是说，在银河系或仙女星系这种大型星系中心的黑洞周围，行星不太可能位于合适的轨道上。它可能会脱离轨道，甚至被黑洞所吞噬。超大质量黑洞的质量是太阳质量的数百万倍，恒星级黑洞质量仅为太阳的数十倍，环境也是不合适的，因此我们无需考虑黑洞这种可能性。

在中子星方面，有学者认为它们可能提供适宜生存的条件，但环境并不那么美好。离中子星最近的行星也许曾是宜居的，但它们终将被摧毁。只有那些曾经不适宜居住的更远的行星，可能会变成宜居星球。生命会在这种情况下出现吗？尚无定论。

白矮星也是如此。旧恒星死亡后，能幸存下来的是那些足够遥远的行星，它们不会在恒星膨胀阶段被吞没。以太阳系为例，当太阳变为红巨星，水星和金星将会因为太阳的膨胀而被吞噬。地球和月球也可能会毁灭，或者以极为靠近太阳的距离勉强留存下来。

当恒星变为白矮星，处于宜居带的行星将会变成那些更加遥远的星球。那些理论上并不宜居的地方可能会发展出适宜生命生存的条件。天文学家埃里克·阿戈尔（Eric Agol）在一项研究中指出，白矮星的宜居带可能位于150万千米之外，且可存在30亿年之久，足以孕育出生命。

　　但与红矮星一样，白矮星宜居带内的行星也会同步绕转，它们的一面永远是白昼，另一面永远是黑夜。另外，请注意，宜居带是灵活的。由于一些外部因素，一个本不适宜居住的星球也可以变得宜居。因此，近些年也出现了"火山宜居带"等全新的概念，认为应当考虑火山活动对行星的影响。传统意义上的宜居带仅考虑了恒星的能量，但火山活动可能能为宜居带外的星球带来孕育生命的条件。

　　不仅如此，还有一种可能，生命也许并不需要从宜居带中产生，就像我们太阳系中的木卫二"欧罗巴"和土卫二"恩克拉多斯"那样。这两颗卫星为我们打开了无限可能的大门……

第三章
我们在太阳系中是孤独的吗？

当提到寻找外星生命，脑海中浮现的第一个问题就是：存在以其他元素为基础的生命形式吗？比如硅元素就是一个非常值得探究的方向，得到了学者的大量关注。硅的化学性质与碳相似，在元素周期表中它们属于同一族，且都可以形成能够携带生物信息的大分子。但硅元素也有其局限性，它不能像碳元素一样形成种类繁多的化合物。而且，碳才是宇宙中最丰富的元素。

但最重要的是，不管再怎么畅想硅基生命，碳基生命才是真实存在的，它不是一种理论。换句话说，为什么要寻找外星碳基生命？因为地球上的生灵就是如此。生命能够以碳元素为基础而存在，那是否有其他情况呢？

答案是可能的，甚至还有学者提出，除了硅元素之外，在某些条件下，其他元素或许也能成为生命的基础。在太阳系中，土卫六"泰坦"就可能孕育了与地球不同的生命形式。但现在，还是从我们熟知的情况出发探究吧，毕竟现阶段，人们都尚未搞清楚生命是如何出现在地球上的。

我们已知生命的基础，但还不知它的起源，这个问题比寻找那些尚不知其真实性的其他生命基础更具吸引力。如果宜居带不是恒星周围唯一一处能够找到生命的区域呢？在谈到外星生命时，我们总会想到复杂的智慧生灵，但除此之外，它其实还有很多形式，就像在地球上一样。比如在人类完全无法生存的环境中，微生物这种非常简单的生命形式可能更加常见。木卫二和土卫二上就是这种情况，它们距离太阳的宜居带都非常遥远。

但它们却是太阳系中最有可能找到生命的地方。这怎么可能呢？我们知道生命的出现需要满足一定的要求，一般来说，至少需要有能量、水和有机化合物。但木卫二和土卫二位于宜居带之外，通过造访过木星和土星的探测器传输回来的图片来看，这两颗卫星均无法接收充足的阳光。那是两个冰冷的世界，没有大气，但却在围绕两颗巨大的行星旋转，而这会导致"潮汐加热"效应，释放大量能量。

在木星周围有一颗淡黄色的小星球，木卫一"艾奥"。它是最靠近木星的伽利略卫星（因被伽利略·伽利雷发现而得名）。由于木星引起的潮汐加热效应，这颗星球上的火山活动是太阳系中最为剧烈的。木星与木卫一的质量相差极大，但相隔并不遥远，因此木星的引力会引发木卫一的变形，在此过程中会释放巨大的能量，使得其表面完全不适宜生存。

距离木卫一"不远"处就是木卫二"欧罗巴"，它是伽利略卫星中最小的一颗，且因亚瑟·查理斯·克拉克的科幻小说《太空漫游》系列而被众人所熟知。这颗卫星的表面被冰层覆盖，反射太阳光，因此成为太阳系中最耀眼的卫星之一。它是距木星最近的第六颗卫星，平均距离 671 000 千米，直径比月球略小，约 3 100 千米，围绕木星公转需要三天左右时间。其表面温度最高不会超过 −160 ℃，两极地区温度甚至低至 −220 ℃。

这里似乎并不是生命存在的理想世界，但一些迹象却让此处看起来没那么简单。木卫二的"表面"年龄十分年轻，约在 2000 万年到 1.8 亿年之间。伽利略探测器从 1995 年到 2003 年一直在深入考察木星及其卫星系统，从其得到的数据来看，这颗星球由硅酸盐岩石构成，有金属内核和岩石地幔。这与我们的地球十分相像，但也存在一个巨大的差别：其岩石部分淹没在深达 80～170 千米的海洋之下。

科学家通过观察木卫二的磁场波动，认为导致这种情况出现的原因可能是海洋，且可能是能够孕育生命的海洋。但这怎么说得通呢？木卫二离太阳太过遥远，其表面不能存在液态水，但在其表面之下，却可以存在一片液态海洋。

可以用潮汐加热效应来解释这种情况。同木卫一一样，潮汐加热效应也会在木卫二上释放大量能量，使得星球温度上升，水能够以液态形式存在。在海洋底部，可能会有一个热液喷口，是孕育微生物的理想之地。

海洋可能拥有生命诞生所需的有机物质。自太阳系形成以来的彗星撞击能够让这些有机物质慢慢累积，尤其是在早期阶段，彗星活动十分频繁。就这样，我们集齐了必需的条件：能量（不管是潮汐加热效应带来的，还是化学反应产生的）、水和有机化合物。此外，近些年，科学家发现木卫二上可能有板块构造运动。而太阳系中只有地球上同样发现了这种现象，如果事实确为如此，那么木卫二上的生命将会是一个必然。2016年，科学家称发现了木卫二上的"隐没作用"。

你可能听说过这种作用，它是由一块构造板块向另一块板块下方俯冲时产生的。在木卫二上，这种作用使得板块深入表面之下的海底，向海洋传送营养物质，包括卫星表面最常见的化合物。这一过程或许能够促使生命的诞生。

土卫二"恩克拉多斯"上的情况也是如此。它距土星的平均距离为238 000千米，表面也由冰层覆盖，由于土星造成的潮汐加热效应，冰层之下可能也存在液态海洋。但它的体积比木卫二小很多，直径仅有500千米左右。

科学家在这颗小卫星的南极地区观测到了像间歇泉一样的物质柱。此外，同地球海底和木卫二上的情况类似，土卫二上还检测到了疑似热液活动的迹象，也将可能为微生物的生存提供能源。此时，和木卫二一样，土卫二上也具备了能量、液态水和有机分子这三个必要条件。

这两颗星球似乎都具有生命诞生所需的最基础的条

件，生命或许能在此迈出第一步。它们的海水中可能存在微生物，但这一观点并未得到证实。当然，这些海洋也可能是完全不适宜居住的，但这也可以让我们得出一个耐人寻味的结论：在与我们认知完全不符的地方，在看起来一点都不适宜的条件下，生命似乎也可以存在。

因此也有学者提出，在太阳系早期，金星和火星可能也是宜居星球，都曾有过和地球类似的环境和条件。一方面，其表面或许曾有生命迹象，另一方面，地球上的生命甚至可能也起源于这两颗星球，也就是"有生源论"所提出的，生命可以从一处迁移到太阳系的其他宜居星球。由于尚不知道火星上是否存在过生命，所以至少到目前为止，以上观点都还停留在假设阶段。而金星的环境又极为极端，为探测造成了极大困难，所以它曾经的宜居情况也无从得知。

但如果我们将这些小拼图拼接起来，我们会发现，就目前来看，宜居带中只有一颗宜居星球，那就是地球。火星和金星也许是，也许不是。它们之上到底有没有生命，各方看法不同。如果在过去，这两颗星球上存在过生命，那么它们应当处于宜居带之中，但随着时光流逝，金星逐渐远离宜居带。每过 10 亿年，太阳的亮度就会提高 10%，这会导致宜居带逐渐向外推移。

金星最初很可能位于宜居带之中，只不过十分接近边缘。但由于太阳的老化，在数十亿年的时间里，金星逐渐移出了宜居带。火星则可能一直位于其中。

让我们再来看看木卫二和土卫二。这两颗星球都离太阳很远，且均呈现出完全不同的生命环境。但与太阳间的距离其实并不重要，因为当其进入生命末期，连木星和土星都会太过于接近太阳，以至于这两颗卫星都无法进入宜居带之内。

所以，宜居带的概念可能并没有那么重要。首先因为它是动态的。在数十亿年的时间尺度上，曾经由于不处于宜居带中而不宜居的星球，也可能变得宜居（或许火星就是这样？）。

其次，曾经宜居的星球可能也会变得不宜居（也许金星就是如此？）。在未来的某一时刻，我们的地球也会变得不适宜生存。由于太阳光的增强，11 亿年～15 亿年之后，地球上的海洋将会蒸发。尽管有些研究认为没有那么快，还需要 35 亿年，但不管怎么样，早晚有一天地球上的生命将无法存活下去。

所以，行星系统所处的阶段也非常重要。我们不仅需要关注宜居带的位置，也需要考虑行星的情况。在这一方面，木卫二和土卫二就是十分值得我们关注的。它们的环境在短时间内不会发生改变。虽然在那里可能无法找到复杂生命体（至少无法找到人类这种复杂生物），但在与地球如此不同的环境中，仍可能孕育生命。这将扩大我们寻找生命星球的范围。

但请不要忘记，现在最大的问题是还不知道地球生命的起源是什么。这不是一个简单的问题，因为我们不能仅仅依靠直觉去推断。目前最主要的观点认为，一旦具备相关条件，地球上的生命就诞生了。一般认为地球生命出现于 37 亿年前，但 2017 年有一组研究人员提出也可能是 42 亿年前。不过在这样大的时间尺度上，相差 5 亿年对我们来说没有特别大的影响。总之，一旦条件满足，生命就出现了。也许是在地球形成后 1 亿年（如果按距今 42 亿年前这组数据计算的话），也许是地球形成后几亿年。

但真正重要的问题是：生命是如何诞生的？什么促

使了它的诞生？又是什么导致了第一个复杂分子的出现？什么推动了 RNA 的形成？这个物质从何处而来？是在地球上吗？还是在地球形成后由彗星或流星带来的呢？这些问题同样适用于其他可能的生命星球。如果木卫二和土卫二上存在生命，那我们也可以问出这些问题。

针对这些问题，学者已经提出了一些猜想。在本书的开头，我们了解了亚历山大·奥帕林的理论。可以说，他的观点补充了达尔文的进化论，进一步探究了物种起源之前发生的事情。在他看来，甲烷、氨、氢和水对生命的形成至关重要。

起初，只有简单的有机化合物，其表现由内部原子的性质以及它们在分子结构中的排列方式所决定。随着时间的推移，这些有机化合物将形成微观结构，并从中产生最初的生命。

奥帕林还认为，可能存在多种微观结构，但只有一种或几种能够孕育生命。然后通过不断进化，逐渐形成我们今天生活的环境。从这个假说来看，生命的出现似乎没有什么阻碍。按照它所提出的，一颗年轻的行星只需要具备地球早期的条件就足够了。在一座拥有 2000 亿颗恒星的星系里，肯定有不少具有类似条件的行星。

我们在第一章中也提到了霍尔丹，他同样提出了类似的猜想：地球上的生命来源于无生命物质，并通过数十亿年的进化，成为像人类这样的复杂生物。

此时又需要提到斯坦利·米勒（Stanley Miller）和哈罗德·尤列（Harold Urey）的实验了。两位学者模拟了地球早期的环境，希望证明生命起源于化学反应。如果他们的观点正确，那么只要集齐所有所需条件，生命就会出现。

实验中，二人运用了水、甲烷、氨和氢，将它们密封在一个装了一半水的小烧瓶中，并与另一个大烧瓶相连。随后，加热小瓶中的水，得到水蒸气，并随管道进入大瓶中。同时，两个电极在大瓶中不断产生火花，模拟水蒸气和各种不同气体形成的大气中的闪电。然后，冷却大气，瓶中溶液将凝结并沉淀在容器底部。

第二天，米勒和尤列发现瓶内液体变成了粉红色。一周后，他们取出沸腾烧瓶，并在溶液中加入氯化汞，防止微生物污染。最后，二人加入了氢氧化钡和硫酸来终止实验。在随后的分析中，他们发现了 5 种氨基酸。

1996 年，斯坦利·米勒表示，在本次和其他实验中，总共得到了 11 种氨基酸。因此，这个实验证明，无机分子通电可以产生氨基酸。在此基础上，更多科学家跟随这个思路开展了研究。

2008 年米勒去世后（尤列于 1981 年去世），科学家利用更加先进的技术再次分析了原始的实验容器，结果发现了 20 多种氨基酸，比最早得到的 5 种，和后来又得到的 11 种都多。此外，最近的研究表明，地球早期的大气可能与米勒和尤列模拟的情况略有不同。但目前，尚不能确定它是否能够促成生命的诞生。

与这些观点不同的就是"有生源论"，让我们看到生命或许可以从一颗行星扩张到整个星系。根据"有生源论"，似乎只要是引力上相互连结的星系，生命就都可以到达。那对于银河系来说，这种情况可以发生在整个本星系群，包括银河系、仙女星系、三角星系以及周围的伴星系。逻辑上讲，恒星无法赶上退行速度比其运动速度更大的星系，但这并不妨碍我们畅想宇宙中的生命到底有多么丰富，哪怕只是出现在其中的一个角落。

这又让我们产生了最后一个巨大的疑问：生命在地

球上出现了几次？这不仅是一个哲学问题。生命只能在行星初始时形成吗？还是说也可以在更晚的时间出现？即便是只能在某一特定时刻诞生，比如在行星早期，那只能有一种生命机制吗？还是出现了多种机制，只有最合适的那个留了下来，并演化成为如今的生命形式？如果能够回答这些关于地球生命起源的问题，以及关于太阳系种种迹象的疑问，就可以更好地探寻银河系的活跃情况，了解生命的丰富程度。

　　但现在，我们能做的只有盲目地搜寻……

第四章
生命征迹：寻找看不见的生命

虽然是盲目搜寻，但我们还是知道应当从何处开始。地球是已知唯一一个宜居的星球，同时也提供了一个生命的范本。也就是说，虽然还不知道是什么导致了生命的出现，但我们可以大致了解这一过程所需要的元素。所以，当观测到一颗大气成分与地球类似的星球，就可以推测那里可能具备生命所需的相关条件。于是，我们便可以更进一步，寻找这些元素的起源，发现它们有可能来源于生物过程，也有可能来源于非生物过程。

其中最受学界关注的就是甲烷。地球大气中的绝大部分气体来源于生物活动，最经典的例子就是反刍牲畜。它们的肠道中有一种名为"产甲烷菌"的微生物，可以在消化的过程中产生甲烷。据统计，每年畜牧业的甲烷排放量占全球排放总量的 35% 左右，占比很大。而甲烷在大气中的平均寿命为 12～15 年，当它进入大气，就会与由氢和氧构成的羟基自由基发生反应，生成水蒸气和二氧化碳。所以，如果没有源源不断的补充的话，那么它总有一天会在大气中逐渐消耗殆尽。

正因如此，当在火星和土卫六上发现了甲烷的时候，造成了很大的轰动。甲烷在地球大气中的寿命是十分有限的，所以可以合理地推断，星球上存在一个甲烷生产源。在地球上，绝大部分甲烷来源于生物活动，那么同理，在火星上可能也是生物产生了甲烷。

不管怎样，以上假设似乎都是合乎逻辑的，但当我们考虑以下几个因素时，情况可能就会发生变化。首先，火星大气中的甲烷含量远低于地球。其次，非生物活动也可能产生甲烷，并释放到大气中。比如说，火山活动产生的甲烷约占地球大气甲烷含量的 0.2%。不过这些甲烷也可能来源于古代生物体，所以本质上讲也可以说它来源于生物活动。

除火星之外，气态巨行星（木星、土星、天王星和海王星）上也发现了甲烷，此外还有土星最大的卫星土卫六。毫无疑问，在说到太阳系可能存在生命的地方时，土卫六是备受关注的一种可能。

气态巨行星中的甲烷来自太阳星云中物质的化学反

应，也就是促使太阳系诞生的那些物质。尽管卡尔·萨根认为，如果在这些行星上找到生命，它们可能是一些飘在空中的"浮游生物"，但实际上，这几颗行星似乎并不具备生命所需的适宜条件。因此，甲烷在这里的出现对于研究太阳系巨行星特性来说有所帮助，但在寻找生命方面并没有那么重要。

但土卫六的情况就大不相同了。1944 年，科学家在其大气中探测到了甲烷，1980 年，科学家又在其中发现了氮气。而氮是构成氨基酸和核酸的重要元素。后来，又有研究人员提出，如果一个天体具有含氮和甲烷的大气，且表面气压比地球高 50%，那么就可能具备形成生命基本单位的条件，且可能进一步演化出生物体。

这就是为什么火星和土卫六如此受到科学家的欢迎，因为二者的大气中都检测到了甲烷。前者甲烷含量并不高，比地球的少很多。但就算再少，也应当搞清楚它从哪里来。后者甲烷含量丰富，更应当研究是什么产生了这么多的甲烷。如果来源于生物活动，那就说明哪里有甲烷，哪里就有生命。如果来源于非生物活动，那就不能做出如此武断的判断。但无论如何，它都为我们打开了无限可能的大门。

以甲烷为代表的这一类化合物可能与生命息息相关，我们称之为"生命征迹"（或"生物征迹"）。它并不代表天体上一定存在生命，但它意味着一种可能性。生命征迹对寻找外星生命来说至关重要，因为人类无法亲自探索那颗星球，但它却能让人了解，那里是否可能有微生物。所以，我们需要研究这一类化合物。毕竟地球以外的生命并不只包括外星文明。

地球诞生数十亿年之后，也就是大概 7 亿年前，复杂生命才出现。也就是说从地球形成到现在的大部分时间里，我们的星球只居住着单细胞生物。所以可以合理地推断，如果我们观测到一个可能具备宜居条件的星球，那里可能也只有简单的生命形式。因此，必须搞清楚到底哪些化合物可以明确表明那里存在生命。如果只有一种化合物，那还不够有说服力，但如果是好几种化合物，就是一个很重要的迹象了。

这就是为什么我们需要弄明白火星或土卫六上出现甲烷的原因。不光是为了确定是否真的有生命存在，也是为了明确甲烷的产生过程，帮助我们确定地球上的机制在其他行星上是否同样适用。

火星大气中的甲烷含量比地球少 4000 万倍。但就算只有这么一点，也一定有一个补充源。此时还不能够排除外星生命的可能。为什么？因为迄今为止，尚未在火星上发现过去或现在的生命痕迹。但可以说，这些甲烷或许是数十亿年前生命的产物，它们也许就是火星地表下的微生物，一直存活至今。

此外，火星所受的太阳紫外线辐射比地球更少，而紫外线又能导致甲烷的分解，所以火星甲烷可以存活几百年之久。其寿命足够长，因而它可以与大气中其他气体充分均匀混合。但实际情况却并不如此。科学家观测到，火星不同地方的甲烷含量不同，而且火星一年中还出现了季节变化。这可能说明火星某些地方会释放甲烷，而有些地方甲烷则存储于地表。

说到甲烷的非生物来源，首先排除的就是火山活动。因为自几百万年前，火星上就没再发现过活火山了（你知道吗？火星上的"奥林匹斯山"是太阳系已知最大的火山，高度达 24 ～ 25 千米）。而且火山在喷发时除了会排放少量甲烷外，还会释放大量硫化物，但火星上并没有检测到这些物质。

小行星撞击也可以带来甲烷，但量非常小，无法与火星现有的甲烷含量对应。彗星可能性更大，但火星平均每 6000 万年才会遇到一次彗星大规模撞击，因此，科学家认为这场撞击发生的时间可能并不久远，鉴于火星的大小，或许发生于几千年以前。随后，甲烷应均匀分布于大气中，火星各区域间的甲烷浓度不应存在太大差异。

但这与火星现有情况不同，所以只剩下了两种可能性：微生物和水文地球化学过程。换句话说，要么火星上存在微生物，要么火星上有水，且参与到了甲烷合成的过程中。

地球海洋中有许多地壳裂缝形成的热液喷口，水受到地热加热后，从这些裂缝中喷出。热液喷口一般位于构造板块附近，火山活动区以及海底。且富含铁或镁的岩石，如橄榄石或辉石，可以通过蛇纹石化反应产生氢气。这些氢气又可以与富含碳的矿物质发生反应，形成甲烷。

所以，若通过地质活动产生甲烷，则需要氢、碳、金属、热量及压力。火星均具备以上条件。科学家一直认为火星上可能有水。2018 年，研究人员在火星南极冰层下发现了宽 20 千米，深 1.5 千米的液态湖。

蛇纹石化反应一般可发生于高温 350 ℃～400 ℃，或低温 30 ℃～90 ℃。在某些地方，地下水可以为低温蛇纹石化反应提供适宜的条件。这样就能解释火星上的甲烷来源了。但尽管如此，我们仍无法排除生物来源的可能性。"好奇号"火星车在"盖尔"陨石坑内探测时发现，坑内的甲烷含量会随着季节变化而变化，夏季甲烷含量更高，冬季则更低。甚至在一天内，其含量也会有轻微的变化。以上发现均可作为甲烷生物来源的有力证据。

然而，只有更广泛的探索和更深入的研究才能给予我们更确切的答案。我们距离这一天已经不远了。几十年来，火星一直是科学家的研究对象。2030 年后将会进行载人登陆火星计划，能够亲临火星研究其地表和内部情况只是时间问题。

甲烷形成后，可以以天然气水合物的形式储存，如果温度较高，冰开始蒸发，就可以周期性地释放出来。欧洲航天局研制的"火星快车号"空间探测器发现，在地下冰更丰富的地方，甲烷浓度也更高。如果这些迹象得到证实，那么以上推断也可以得到印证。

　　能在太阳系或银河系找到甲烷及其他化合物，这件事本身就是极具吸引力的。所以科学家一直致力于研究系外岩石行星的大气，不管这些行星上面有没有生命。假设我们要研究一颗与金星十分相似的星球，那么它们的大气也会一样吗？还是可能含有其他元素？如果要研究其他宜居带中的一颗岩石星球，那就要和地球的大气对比一下了。

　　会找到与地球大气构成类似的大气吗？如果确有一致的构成，是否说明这颗星球上有生命呢？如果没有智慧生命，那其宜居情况就很难说了。甲烷等化合物的出现预示了一系列可能性。而随着人类科技的进步，我们迟早会对这些星球大气开展研究分析。

　　怎么研究？如何才能分析这些远在几十光年之外的大气成分？现有技术不能让人类直接去往那里，我们的宇宙飞船甚至都还无法飞离太阳系。我们只能利用此前提到的"凌日法"，从地球上观测恒星的亮度变化。如果亮度降低，则说明有天体从地球和恒星之间经过。如果亮度变化是周期性的，则说明这个天体可能是围绕恒星旋转的行星。近些年来，该方法一直受到科研人员的欢迎。开普勒望远镜和"TESS"卫星借助该方法在银河系中发现了许多行星。

恒星的亮度可以告诉我们许多事情，比如说，它的构成。每一种元素都有固定的光谱，因此，只需要了解研究它们，就可以知道恒星的组成情况。这就是所谓的"光谱分析法"，有了它，我们就可以了解太阳等恒星的组成元素了。

"光谱分析法"的原理如下：想象有一张纸，上面标注了可见光的光谱。在最左边，也就是最短的波长，对应紫色和蓝色。越向右边，波长越长，颜色逐渐变红。这种颜色变化是连续不间断的，或者在理论上讲，它是连续不间断的。

但实际情况有些许不同，因为在连续的光谱颜色中，存在间隙，或所谓的"中断"。这是"吸收线"，由原子和光子之间的反应造成，也就是说，光被原子吸收了。不同元素的原子有不同的吸收线，所以只要知道两者之间的对应，就可以确定一颗恒星的组成成分。

在行星凌日的过程中，恒星的光也会穿过这颗行星的大气（假设该行星有大气），所以光也会与大气元素的原子产生反应，并留下相关信息。换句话说，我们所看到的恒星的光不仅能揭示恒星的组成，在穿过行星大气时，也会显示行星的大气成分。

但问题是，恒星穿过岩石行星大气的光量实在是太少了，只能通过最先进的望远镜才能分析这一小部分的恒星光谱。现在，科学家已经可以研究太阳系外气态巨行星的大气，但岩石行星大气的成分仍然是大家渴望揭开的谜团。但只有詹姆斯·韦伯空间望远镜这样的技术才能帮助我们观测这些大气，现有技术还不足以支持相关研究。[1] 未来几年，新一代望远镜将在地面和地球轨道上投入使用，为此，我们需要耐心等待。

总有一天，我们可能会找到一颗岩石行星，它的大气成分与地球十分相似。到那时，将会有无数问题浮现在你我面前。那会是一颗有生命居住的星球吗？也许只有微生物，也许会有智慧生灵，但它们的文明还未先进

1　2021年12月，詹姆斯·韦伯空间望远镜已发射升空，并于2022年投入使用。——译者注

到能够向宇宙发射信号。未来几年，甚至未来几十年，我们可能都无法找到这样一颗行星。但或许总有一天会找到的。

不过……是否有其他办法来寻找生命呢？每年，科学家都会提出不同的观点，利用现有的技术，发现其他地方的生命痕迹。它们可以补充其他办法的缺陷，解决找到可能的系外行星之后出现的问题。或者，它们本身就是发现系外行星的方法。

其中的一些尤其值得一提。首先是与地球过去有关的"紫色地球"假说。在寻找生命时，一般会从与地球现状相似的相关条件入手，但地球不是一成不变的。诞生伊始，地球大气主要由二氧化碳、氨气和水蒸气组成。太阳光分解氨分子，生成氮气，并逐渐积累至现在的含量。

后来，蓝藻产生了氧气。在距今约 27 亿年到 22 亿年前，蓝藻出现，利用太阳光的能量进行光合作用，逐渐释放氧气，将二氧化碳转化为有机物。由此，地球大气的成分慢慢改变了。8000 万年前，氧气约占地球大气的 30%。但现在，大气中氧气约占 21%，氮气占 78%，氩气占 0.93%，二氧化碳占 0.04%，剩下为极少量的氖气、氦气、甲烷、氪气和氢气。

可以看到，地球大气的成分会随着时间的推移而不断变化，而地球生物则与这一过程有千丝万缕的联系。我们都知道，蓝藻通过叶绿素进行光合作用。但 2018 年，一组研究人员发表了一篇名为《地球视紫质的早期演化及对系外行星生物征迹的启示》的论文，提出在叶绿素出现之前，可能存在另一种机制的光合作用。

研究人员施拉迪蒂亚·达萨玛（Shiladitya DasSarma）和爱德华·施威特曼（Edward Schwieterman）认为，在叶绿素出现之前，光合作用可能是通过另一种有机物进行的，即视黄醛，一种紫色色素。[2] 现在还有一类利用视黄醛进行光合作用的生物，在高盐浓度环境中比较常见。视黄醛光合作用的效率低于叶绿素，但过程更加简单。所以二人认为，在叶绿素出现之前，光合作用可能主要依靠视黄醛。

有迹象表明，早在 37 亿年～25 亿年前，这类光合作

2　视黄醛本身呈橙黄色，与特定蛋白质结合才形成呈紫红色的视紫质（一种紫色色素）。——译者注

用所需的化合物就已经存在了。在可见光光谱中，视黄醛吸收黄光和绿光，即人眼感觉最敏感的部分。而叶绿素吸收的则是蓝光和红光。

这又将我们带往何处呢？达萨玛和施威特曼认为，在能够利用叶绿素进行光合作用的生物体出现之前，可能存在利用视黄醛进行光合作用的生物体。前者吸收红光和蓝光，反射绿光，后者吸收绿光和黄光，反射紫光。

虽然是两种不同颜色的光，但都是因光合作用反射而成的。近些年来，科学家发现，用红外光谱仪在太空中看地球，可能可以观测到大片绿色植被。这就是"植被光谱红边"。我们也可以利用这一方法研究系外行星。如果行星上存在可以利用叶绿素进行光合作用的生物体，且它们在地表分布很广，那么就有可能被观测到。此时，这颗行星将和地球一样，呈现出独有的绿色。

同理，达萨玛和施威特曼在论文中指出，也可以寻找在光谱中呈现紫色的系外行星。毕竟在地球上，绿色植物在距今 4.7 亿年前才出现，也就说明只有星球进化到更加先进的水平，才可能出现绿色植物。

与之类似，丽莎·卡尔特内格（Lisa Kaltenegger）和杰克·T. 奥马利－詹姆斯（Jack T. O'Malley-James）在其研究《生物荧光世界（二）：恒星紫外耀斑诱发的生物荧光，一种新的时间生物征迹》中，将关注点放在了一类特定的天体上——非常活跃的红矮星，并研究其周围的生命情况。

红矮星寿命非常长，其主序期可以长达数万亿年，不断将形成时期积累的氢转化成氦。所以与银河系其他天体对比，红矮星周围的行星似乎是十分适合生命演化的。但它也有一些需要我们关注的问题，比如前文提到的同步绕转，以及活跃度的问题。

但卡尔特内格和奥马利－詹姆斯却将这些疑虑暂且搁置，提出了另外一个疑问：生命是否可以在完全不适宜的环境中演化呢？假设在一颗极为活跃的红矮星旁边有一颗宜居行星。先不考虑它是如何出现的，让我们假设它的存在……

生物荧光是一种非常神奇的自然现象，由荧光分子受高能光源激发而产生。在此过程中，荧光分子吸收部分能量，并释放波长更长的光。只有在生物体被照射时，人们才能观察到生物荧光。其出射光波长越长，对自身的危害性也就越小，也就是说，在更活跃的恒星周围，生物荧光的光防护作用会保护生物体免于高辐射的侵袭。

因此，在这篇 2017 年发表的论文中，两位研究者提出，在高活跃度的红矮星周围，行星上的生物荧光有别于其他类型的荧光，可能被人类观测到。当生物体被照射时，可能发射出足够强烈的荧光光线，被我们的天文望远镜拍摄到。

这是一个非常有趣的观点，它从地球上的现象出发，增添了一些条件，得出了全新的结论。也许在一次大型耀斑活动爆发之后，一些生物体可以通过生物荧光发光，并被我们感知。

比邻星距太阳系 4.24 光年，是距离我们最近的恒星，属于半人马座阿尔法星三星系统。它就是一颗极为活跃的红矮星。在其宜居带内，有比邻星 b。观测数据表明，这颗行星如果曾有大气的话，现在也已经不复存在了。但如果它曾经是一颗宜居星球，那就说明我们从地球上是可以看到上面的生命痕迹的。

以上这些寻找生命踪迹的办法也有其缺陷，因为我们不知道所观测的是一个实际有生命存在的世界，还是将某些现象或某种化合物的出现与其他我们尚不了解的非生物活动混淆了……

　　所以，还有另一种更有趣但同时操作起来更困难的办法：技术征迹。

第五章
技术征迹：看得见的生命

如何才能确切地知道某颗星球上有没有智慧生命呢？生物征迹可以告诉我们哪些系外行星上可能有生命痕迹，但尽管证据确凿，却无法说明那里是否进化出了文明。所以我们需要某种信号，能够明确指向一种技术上的来源，从而得出一些不同的、更复杂的结论。

首先，什么是文明？如果仅从最基本的定义出发，在远距离观测某一文明的时候，会很难认出它。因为文明是一个有城市发展、社会组织、政府和通信系统的复杂社会。

最典型的例子就是古埃及和古巴比伦文明。若是想要探测到这两个文明发出的技术信号，无异于等待奇迹发生。所以如果想要寻找外星智慧生命，对文明最经典的定义显然是不够的。我们需要提高界定标准：至少他们应当有能力向太空中发送信号。

也就是说，当银河系中的其他文明也像我们一样在寻找生命的话，从他们的视角来看，地球文明在发出第一个宇宙信号之前都不能被称为"文明"。对于他们来说，此前地球上不存在任何文明。同理，在银河系的其他地方，假如 100 光年之外有一个可与古巴比伦媲美的文明的话，我们是没有办法探知到它的存在的。所以这是一个不可避免的问题。对于银河系其他文明来说……地球文明的证据是什么时候出现的呢？答案是 1936 年。更确切地说，是 1936 年柏林奥运会之后。

当时，阿道夫·希特勒（Adolf Hitler）在奥运会开幕式上发表讲话，并在 41 个国家转播，转播信号的强度足以冲破电离层。电离层位于高层大气，由带电电子、原子和分子构成，是无线电的天然屏障。但如果无线电信号足够强，它也有可能穿过电离层，散播至宇宙空间中。希特勒的那场演讲就是地球首次向太空发布的信号，尽管是无心之举。这一信号的内容可能并不那么适宜传播，但由于以下几个因素，我们其实无需担心。

首先，最重要的原因是，信号的强度与距离的平方成反比。离信号发出地越远，强度下降速度也会越快。所以当它传输到足够远的地方，强度会变得很弱，与宇宙背景噪声并无区别。就算能够传播数百或数千光年，也很可能无法被识别。

在此基础上，还有第二个原因值得我们考虑：外星人不说德语，也不说英语，也不说法语，也不说西班牙语，甚至连地球上任何的语言都不说。而且，他们也不知道该如何翻译这场演讲的内容。所以其实没什么可担心的，就算真的有文明接收到了这些信号，他们也无法破解其中的内容。

第三点就是传播。面对一些异想天开的想法，很多人都会忽略这个问题，比如，有人说古埃及人是在几千年前得到了外星文明的帮助，才建造出了金字塔。但实际上他们只用了当时手头的工具。虽然金字塔建于数千年前，但我们的祖先并不是傻瓜。在人类的历史长河中，曾有许多充满智慧且超前于所处时代的伟人。所以金字塔的建造根本就不是什么值得大惊小怪的事情。不过，还是让我们回到之前的问题，将这些因素融合到一起……

已知信号以光速在太空中传播，所以一年后，它将走过一光年。希特勒于 1936 年发表演讲，至 2021 年已经过了85年了。所以到2021年为止，这条人类向宇宙发布的第一个带有技术特征的信号，已经向各个方向传播了85光年。此时，我们得到了一个以地球为中心的球形传播圈，直径为170光年。当然，希特勒的演讲只是人类发出的第一个信号，后来我们还在无意间传播了许多其他信息。

试想一下，在距离地球85光年之内的宇宙空间里，也存在一个文明，虽然没有破译信息的工具，却仍然热衷于追寻几十年前发出的宇宙信号。如果前文所述的球形传播圈真的存在，那么在银河系的这个区域中，我们就能被确切地探测到。换句话说，只有位于85光年之内的外星文明才有可能捕捉到我们的技术信号。如果他们回复了的话，还需要考虑破译消息、撰写新消息以及传回信息所需的时间。此外，如果是古埃及时期，那么情况会完全不同，且更加复杂。

古埃及时期，地球周围没有所谓的球形传播圈。不仅如此，对于一个位于2000光年之外的太阳系文明来说，由于光速传播需要时间，所以他们看到的地球还是2000年以前的模样。从这个角度来看，问题又不一样了。

对于一个有能力进行星际旅行的文明来说，他们选择到地球的概率有多大？

在他们看来，地球似乎是一个有智慧生命的地方。但他们不确定。而在地球周围，又观测到许多环境类似的星球。那他们有多大可能会到访地球呢？相比之下，也许他们更偏向于去往有明确技术征迹的世界，因为这些地方一定有生命居住。

正因如此，所谓远古外星人的说法不仅无趣，而且没有什么可信度。星体在太空中彼此相隔十分遥远，连距太阳系最近的恒星比邻星也在 4 光年之外。如果那里真的有文明，要与他们沟通的话，也要在信息发出之后等上 4 年对方才能收到，然后还要再等上 4 年，甚至更久，才能收到他们的回复。更不用提其宜居带内虽然有一颗行星"比邻星 b"，但却不具备宜居环境。这还仅是距离太阳系最近的恒星的情况。由此可见，就算是以最快的光速在宇宙的距离中传输信息，其速度也是极为缓慢的。

这就是为什么我们如此希望得到某种技术信号，因为它是可以被捕获的，就算它的目的地并不是地球。不过，技术征迹也不一定非得是一种信息。它可以是一串简单的素数列，也可以是其他文明间的通信信息。但它们在经过分析之后，都展现出了非自然形成的特点。素数列就是一个非常经典的例子。在卡尔·萨根的小说《接触》中，这位杰出的天体物理学家想象了外星文明用素数列编辑信息，将希特勒的演讲画面重新传送回了地球。有了这条证据，我们便可以去尝试寻找比人类更加先进的文明了。

还有一个非常经典的例子，"戴森球"，即一个巨大的球体，能将恒星包裹起来，收集它发出的所有能量。一般认为，只有非常先进的文明才能制造出"戴森球"。我们可以通过观测恒星的光亮来判断"戴森球"是否存在：如果这颗恒星在可见光范围内（也就是电磁光谱中人眼可见的那部分）的亮度有限，但却在红外光谱上亮度更强，那么在这颗恒星周围就可能存在所谓的"戴森球"。

2015 年 9 月，天文学家发现恒星"塔比星"的亮度有不规律的明显下降，甚至有人分析，其周围正有外星文明在建造"戴森球"。但是，后来人们逐渐发现，它的亮度变化只是因为周围有一片巨大的尘埃云。当这片尘埃云移动到"塔比星"与地球之间时，会挡住前者大部分光芒。这个例子说明，"戴森球"虽是一种技术征迹，但一些自然因素也可以导致类似的现象。

此外，我们也可能遇到非常像技术征迹造成的现象，但实际上是由自然因素引发的。比如脉冲星发出的信号。脉冲星是一种中子星（即比太阳质量更大的恒星遗骸），它会沿自转轴向外发出辐射光束。若地球刚好处在光束发射的方向上，那么脉冲星看起来就好像一座灯塔。最初，人们认为脉冲星是一种技术征迹，甚至还给它起了"LGM-1"（Little Green Men 1，即"小绿人一号"）的名字。因为在当时看来，没有任何自然原因可以解释恒星的这种现象，这种迅速又精准的规律性。

后来，人们才逐渐发现这是一种全新的星体。所以，由于对某些现象的了解还不够深入，有一些信号可能会暂时被当作技术征迹。正因如此，我们需要用更加先进的技术，去探寻其他与人类文明更接近的技术征迹。我们可以利用更先进的望远镜，比如詹姆斯·韦伯空间望远镜，来分析星球大气，探测其中的非自然构成，比如氯氟烃，或者说大气的污染情况。因为这将意味着那里的文明已经进化到了和人类差不多的水平。

以上只是一些例子，当然，还有许多更有趣的技术征迹。其中最受人关注的就是从其他星球传来的信息。人类曾向太空中发布过一条信息，即 1974 年 12 月 16 日发射的"阿雷西博信息"。它包含了许多与人类有关的内容，从数字到人类 DNA 的构成，再到地球的人口，甚至包括太阳系和地球的位置。

信息的目的地是武仙座星团。这是一座球状星团，面积不大，但由许多恒星组成。它位于 25 000 光年之外，所以这条信息需要至少 25 000 年才能到达。不过，发射"阿雷西博信息"的初衷并不是与其他文明沟通，而是希望测验阿雷西博射电望远镜的新性能。[1]

其他文明发来的信息会是什么样子呢？"阿雷西博信息"为我们提供了一些方向。它是由 1679 个二进制数字组成的，且 1679 是一个半素数，只能由两个素数相乘得到，即 23 和 73。这两个数字又隐含了解码这条消息的方式。如果将这 1679 个数字排列为 73 行 23 列，此时所得

1　阿雷西博射电望远镜于 2020 年末因老化损坏，后被拆除。——译者注

到的内容是杂乱无章的；那么就只能将它们排列为 23 行 73 列了，此时就会出现其所携带的信息，可以慢慢翻译出其他用二进制表示的内容了。

二进制中只有 0 和 1，它既可以表示数字，也可以表明状态。比如说，数字 9 写成二进制为 1001；0 也可以用来表示未激活，1 则用来表示已激活。我们可以用它来创建图形，表示含义。在"阿雷西博信息"中，科学家使用二进制图案表示了核苷酸，即 DNA 和 RNA 的构成单位。

尽管如此，"阿雷西博信息"仍是一条复杂的信息。它的编码有的是从左到右，有的又是从上到下。所以如果一个文明真的收到了它，在没有任何帮助的情况下，是很难清晰且正确地破译出来的。

"旅行者号"所携带的镀金光盘则更值得我们关注。这也是外星信息的一种可能形式。"旅行者号"发射于 1977 年，两台探测器各携带了一张一模一样的光盘，上面刻制了关于地球和人类的信息，包括 116 张有关人类、太阳系行星和地球形态的图片，以及各种各样的声音，比如自然的声音（风声和雨声等），动物的声音（鸟鸣和鲸鱼的叫声等），不同时代的音乐，还有地球 55 种语言的问候……信息量十分庞大。此外，光盘上还标注了太阳系的位置。

光盘的正面就是传统黑胶唱片的样子，背面则刻制了解读光盘内容所需的信息。科学家利用了氢原子在两个最低能级之间跃迁所需的时间作为参照系，因为他们认为，这个概念对于科技水平相当的外星文明来说应当是比较容易理解的，这样，破译光盘内容就很简单了。借助这个标尺，科学家直接在光盘表面用二进制码标注了播放内容所需的转速。

由此可以算出，光盘内容的时长大约为一小时（或者其他文明使用的时间体系里与"一小时"时长相当的时间）。光盘还标注了如何查看其中的视频内容，甚至还包括一张星图，标明了太阳系相对于 14 颗脉冲星以及银河系中心的位置，以及脉冲星的脉冲信号周期。只需利用其中三颗的数据，就可以找到探测器的确切发出地。同时，通过脉冲星的自转周期，可以大致算出探测器是何时发射的。

因为脉冲星两级会向外发出辐射光束，所以当它们的磁极转向地球时，我们就可以观测到脉冲星的规律闪光现象。它们就像海岸的灯塔一样，不断提醒周围的船只即将靠岸了。

随着时间的推移，脉冲星的自转速度会逐渐下降。所以只要将某一时刻脉冲星的自转速度与光盘上所刻制的数字相对比，就可以得到探测器的大致发射时间。

至少从理论上讲，这张镀金光盘的设计理念还是很容易理解的。它利用了最简单的两种"语言"：二进制码，以及一把所谓的"密钥"，即氢原子的跃迁所需的时间。二进制码是最简单的一种代码，只有 0 和 1。所以就算捡到这张光盘的文明不认识上面的任何一个字，也不用担心。

然而，实际上这两张光盘被截获的可能性小之又小。"旅行者号"探测器现在仍未离开太阳系，还需 300 多年才能到达奥尔特云，之后还要 3 万年才能穿过它。如果定义太阳系边界为太阳风影响占主导的空间，那它已经飞出去了；但如果是从太阳引力范围的角度来看，它尚未离开。

总之，"旅行者号"还需要很长时间才能彻底飞出太阳系。几年后，这两台还在运行的探测器也将结束它们的使命。从那一刻起，就算是最先进的文明也将很难发现它们的踪迹。宇宙实在是太大了。就算是能飞行数十亿年，它们能遇上一颗恒星，甚至是周围有高级文明居住的恒星，其可能性都微乎其微。

话说回来，以上就是我们最想收到的外星信息类型，尤其是像镀金光盘中的内容。其中最需要我们关注的是这些信息的编写方式。这不是一件小事。如果其他文明用氢原子的跃迁时间加密给人类发送的信息，我们能破解它吗？如果他们用的是光速，我们还能解读它吗？

问题还有很多。人们经常说数学是宇宙的通用语言。但即便如此，也不能保证我们能理解其他文明说的话。而且在这之前，我们要先截获到一条信息……并且知道我们截获的是什么。

现代天文学中最奇异的一个事件就是"Wow！信号"，直到今天，它还是一个未解之谜。1977年8月15日，美国俄亥俄州的"大耳朵"射电望远镜捕捉到了这一长达72秒的信号。几天后，天文学家杰瑞·艾曼（Jerry R. Ehman）在检查数据时发现了一串奇怪的字符：在某一列中，赫然写着"6EQUJ5"。他非常惊讶地在旁边写下了"Wow！"。这是什么原因造成的？这串符号的意义显然让人摸不着头脑，但它很可能是人们一直期待收到的星际信息。

射电望远镜的其中一个任务就是捕捉其他星体发出的信号，寻找可能存在的外星文明。数据显示，这串符号是从人马座附近传送来的。研究人员首先排除了信号来自人造卫星或地面发射器的可能性。

"6EQUJ5"代表了射电望远镜所观测到的信号强度。从 0 开始，数字越大，强度越强，一直到 9.9。接着，从 10 开始用字母标注，即 A 代表强度 10，B 代表强度 11，以此类推。一般来说，射电望远镜捕捉到的信号强度都不会超过 4，基本上都是宇宙背景噪声。

在"Wow！信号"中，U 代表强度 30，是宇宙背景噪声的 30 倍。此外，最有意思的是，它所在的频率为1420.356 MHz 和 1420.456 MHz。两者距氢线对应的波段1420.50575177 MHz 都很近。氢是宇宙中最丰富的元素，出现频率很高，所以外星文明很可能利用它来发送信息。而这两个频率与氢线波段之间只相差 0.0498 MHz 上下。

综合以上因素，它很可能是一个来自外星的信号。但是，四十多年过去了，我们仍未揭开它神秘的面纱。

为什么？因为我们并没有收到完整的信息。"大耳朵"射电望远镜有两台固定的接收器，跟随地球的自转来观测星空。由于体积和速度的限制，它只能在同一模式下，对准某一片天空连续观测 72 秒。

所以如果捕捉到一条连续的外星信号，它的时长将为 72 秒。前 36 秒，随着越来越靠近望远镜的观测中心，它的信号强度将逐渐加大，后 36 秒则会逐渐减弱。

三分钟后，第二台接收器也将会收到这条信号，并记录下来。这就是"大耳朵"的工作程序……但"Wow！信号"却是个例外。三分钟后，当第二台接收器逐渐对准同一片天空，却没有发现任何信号。这样的情况令人有些失望，因为它本来如此符合一条外星讯息的特征……随后几年，科学家反复观测同一片区域，甚至还使用了更加先进的仪器。

但时至今日，依旧是徒劳无获。仅几十年来，科学家也提出了各种各样的解释。发现"Wow！信号"的艾曼甚至一度怀疑它是否来自外星文明，但在其后来的研究中，他还是推翻了这个想法，因为想要重现这条信息确实需要一些特定的条件。近年来，还有人认为掠过太阳系的两颗彗星可能造成了这条信号的产生，但如果是这样的话，那么"大耳朵"的两个接收器应该都能接收到相关信号才对。

它是否有可能来自外星文明呢？这条信号可能来源于"梅西耶55"，位于地球之外17 600光年，是一座含星量巨大的球状星团。其周围没有恒星或行星。

假设它确实是从"梅西耶55"发射出来的外星信息，那么对方至少使用了功率为2.2吉瓦的发射器。但现今为止地球上功率最大的发射器只有2.5千瓦。1吉瓦等于1百万千瓦，这就说明，对方的技术水平领先我们很多。然而，我们却再也没有收到任何信号。这可能是寻找外星生命历程中最大的谜团了。"大耳朵"射电望远镜到底捕获了什么？

难道我们只接收到其中的一部分吗？有可能。无法再次收到信号，是不是因为我们没有在正确的时间看向正确的方向呢？这个问题又为我们指出了宇宙通信的困难所在。宇宙实在是太大了，只要选错了方向，就发现不了对方的存在……

　　所以，银河系甚至整个宇宙中都不一定有非常丰富的文明。只要符合相关条件，地球上就诞生了生命，事实确是如此。但不要忘记，复杂生命是过了数十亿年才出现的……

第六章
外星生命是什么样?

人们普遍认为,地球之外一定存在生命。只需简单计算就可得知,银河系中有 2000 亿颗恒星,可观测宇宙中有 2000 亿座星系,每座星系中又有数千亿颗恒星,有一些更大的,比如仙女星系,则包含上万亿颗恒星。总之,这是无穷多的星系和星星……所以生命可能是必然的,唯一的问题在于,我们何时才能找到它。

但就像前几章中提到的,摆在我们面前的没有确切答案,只有假设。地球上的生命确实一满足条件就出现了,但我们不知道的是,到底是什么促使了它的诞生。再加上,像地球这样处于某一恒星宜居带中的岩石行星,在宇宙中应当大量存在,所以允许生命出现的条件应是十分丰富且常见的,毕竟我们的地球也没什么不一样。

我们甚至可以畅想一下其他星球上的生命长什么样。在一些科幻或玄幻小说中,外星生命与地球生命大不相同。甚至还可以更大胆地想象一下……外星生命也会像我们一样用两条腿走路吗？也许会吧。但也可能在银河系的某个地方，有一个由神话传说中的半人马生物组成的文明……但由于缺乏信息，认知的边界往往决定了想象的深度。

我们也可以合理地假设，在这里发生的事情也许也会在其他地方发生。但我们仍不知道生命到底是如何产生的，这一片知识的空白不断提醒我们，或许生命的诞生是极为罕见的。罕见到什么程度呢？

也许只有可观测宇宙中刚好包含 2000 亿座星系，每座星系中又有数千亿颗恒星，才会有一颗行星符合生命出现的条件。人类总是难以理解那些很大或很小的数字。试想一下，人一生中的 10 年已经是很长的阶段，50 年则更长。有它作为参照系，就可以大致了解 200 年到底过了多久。

但接下来，让我们更进一步……你能想象 1 万年有多长吗？100 万年呢？从天文学的角度来讲，这些数字是微不足道的。6500 万年到底有多久？这是恐龙灭绝到现在的时间。而对于地球历史来说，好像才是昨天的事情。

再往前推，45 亿年前，太阳系形成了。可在我们的角度看来，尽管恐龙灭绝比太阳系诞生更晚，但二者似乎都和宇宙大爆炸一样，处于非常遥远的时空中。它们发生于不同的时间，但对我们来说却是如此之久，以至于无法用正确的视角来看待。

同样，我们也很难想象那些遥远的距离。月球距地球的平均距离为 384 400 千米，约为地球直径的 30 倍。可站在地面上看月亮，它仿佛就在那里，触手可及。半人马座阿尔法星系统中的比邻星是离我们最近的恒星，约 4.24 光年。从天文角度看，这是一段很近的距离，但人们能客观地理解这个数字吗？答案很可能是否定的。人类很难想象这种遥远距离的真实长短。

鉴于此，人们是否也很难想象宇宙中星系、恒星和行星的数量呢？尽管宇宙十分庞大，只能用一个巨大的、远超人类日常习惯的数字来形容，但这并不意味着生命必然会降生。换句话说，也许生命的出现概率极其微小，也或许生命进化过程中的某一个步骤是极难实现的。

这就不得不提到举世闻名的"费米悖论"了。其内容非常简单：如果所有指标都说明宇宙生命是十分丰富的……那其他生命在哪儿呢？意大利物理学家恩里克·费米（Enrico Fermi）于 1950 年前后提出这个问题。1975 年，美国天体物理学家迈克尔·哈特（Michael Hart）回答道：答案很简单，外星人不存在。随后，又有很多人提出假说尝试解释"费米悖论"，其中最有意思的就是"大过滤器"，认为自生命出现到文明进化至可以移民到其他星球，整个过程都是困难重重的。"大过滤器"所在的位置或好或坏，直接决定了人类的未来。

假设"大过滤器"就是生命出现本身，那么很多星球都具备了必要的条件，它们都可能孕育生命，不过最终只有极少数（甚至也许只有一个？）真正做到了。如果真的是这样，那么对于人类来说就是个好消息，因为我们已经跨越了最困难的阶段。除了人类自己，将不再有任何危险会危及到人类在宇宙中的生存。

同样，如果"大过滤器"就是复杂生命的诞生，或智慧生灵的出现，那么这也是一个好消息，因为我们也已经经过了这个阶段。

但如果"大过滤器"还在未来怎么办？或许它就是星际社会的形成，但在这之前，人类可能就会像恐龙曾经历的那样，被撞击地球的陨石摧毁。我们要问的问题不是陨石是否会撞击地球，而是它什么时候来。如果到那时，地球依旧是人类唯一的家园，那么我们将注定走向灭绝。这就是为什么我们在不断寻找太阳系的其他宜居星球，从某种程度上说，人类如果可以移居火星或月球，那么在面临全球性灾难的时候，我们的物种将得以存续。

如果未来我们还不具备全球疏散的科技，那么当陨石撞击地球的时候，地球将会遭受巨大的损失，但如果我们在火星和月球上有定居点，人类这一物种将可以延续下去。当然，有很多情况都能危及到人的生存，比如附近的一场超新星爆发，或一场伽马射线暴。但是在未来的数十亿年内，太阳系临近都不会有超新星爆发，而伽马射线暴又是极为罕见的现象，从数十亿年前地球有生命居住开始就没有遇到过。

所以我们需要知道"大过滤器"在哪里。如果可以找到其他文明，就能知道前方等待我们的命运是什么。文明是否注定毁灭？是否会因自己的所作所为而走向灭亡？抑或是因为无法开发出避免灭绝的技术？也许是吧，也许只有屈指可数的文明能够存活下来。

不过"大过滤器"假说也可以帮助人们想象宇宙中

的其他世界。假设它就是生命的出现，那么我们可能能找到许多宜居星球，但上面却没有生命。此时，在这个充满机会的宇宙中，地球将是一个例外。

它也可能是复杂生命的诞生。这时的宇宙将充斥着微生物，但有复杂生命的世界可能很少，有智慧生灵的则更少。

它还有可能是智慧的产生，或者说是造就文明所需智慧的产生（毕竟除了人类之外，在地球上也有其他具有一定智慧的动物）。此时，宇宙中将充满复杂生命体，但能形成文明的则是少数。

也许宇宙中到处都是文明，但从宇宙的时空来看，它们存续的时间都很短，所以几乎没有一个文明能够发展出先进的技术，去往其他星球。不过这种情况似乎不太可能，因为经过几十年的搜寻，尚未找到任何外星文明的踪迹。如果宇宙中真的有大量文明，那我们周围就应该存在。

近几十年来，学者针对银河系中各类生命的丰富程度，以及文明的数量等话题开展了大量研究。其中一部分基于一些相对更具有说服力的假设，研究得较为全面深入。有的提出岩石星球上可能有更多生命形式，有的认为海洋星球（如土卫二"恩克拉多斯"或木卫二"欧罗巴"）则更适合生命的诞生。甚至有研究声称银河系中有 36 个文明，尽管该数据存在较大的误差。

人们也常常探讨文明的善与恶。一般认为，更先进的文明有更大的善意。毕竟他们比人类更加成熟，在其发展的道路上，应当会发现这条规律：向善才能促成繁荣。

甚至还有人用宗教的概念去理解外星人的存在，在某些人心中，对外星文明的信仰已经取代了宗教的地位。有的人认为宗教就像一艘救生艇，他们希望有比人类更加智慧的生灵来承担监护人的角色，确保大家的安全和福祉。

就看看那些声称自己被外星人绑架的人怎么说吧。其中的大部分都提到了希望和救赎，说外星人是来拯救我们的。世界上的许多宗教也传达了同样的信息，只不过现在，是外星人充当了神明的角色。

回顾人类历史，是否可以说我们现在的社会比一百年前更好了呢？自 20 世纪下半叶以来，的确没有再度爆发世界大战，但仍有局部战乱和恐怖袭击。此外人类还面对各种各样的挑战，其中的很多都是我们自己造成的，比如气候变化问题和核裁军问题。

如果把成就和问题都放在一台天平上，可以说，百年来，人类获得了长足的进步，但心中的善念似乎并没有以同样的速度在整个社会中传播（当然，相较于一世纪前，我们的社会已经取得了很大进步，而且未来将会取得更大进步）。所以，更先进的文明也可能不是那么尽善尽美的，他们的社会中也许还有暴力，他们也许不是完美的生物。

此时就不得不提到史蒂芬·霍金了。他在生命的最后几年，经常谈论向银河系其他地方发送信息可能带来的风险。因为我们无法确定外星文明的意图，不知道他们是否正以敌对的心理监听各种消息，寻找、攻击并消灭其他文明。他在纪录片《史蒂芬·霍金的宇宙》中解释道，外星人也许会成为游牧民族，不断寻找能够征服和殖民的星球。他甚至将先进外星文明的到访比作哥伦布到达美洲，生动地表达了他的担忧。

该如何看待史蒂芬·霍金的观点？的确，他是天文学历史上最重要的学者，但他也是一个人，和其他人一样拥有相同的认识。霍金也不知道银河系中是否有其他智慧生灵，所以我们可以从不同角度解读他的观点。

我们可以简单地把他看作一位悲观主义者，也可以换一些更有趣的角度。霍金也是一位科普工作者，经常向大众传播科学知识，提高社会对人类行为影响的认识。他还曾警告人工智能可能会对人类造成威胁。

这很好理解。人类迟早会具备创造完整人工智能的能力。那时的人工智能就好像一种生物，只具有技术基础，却没有人类面对的种种限制。面对可能出现的绝望情形，霍金发出了预警。

人工智能可以按照自己的节奏不断优化和完善自身功能，其演化速度可能比人类快得多。用不了多久，我们就可能被自己的创造超越，它们甚至可能认为，人类没有必要存在。埃隆·马斯克（Elon Musk）等人也曾有过类似的担忧。

这种说法有根据吗？现在下定论还为时尚早，毕竟这一领域还有许多空白，不用担心有自我意识的人工智能会在未来几年内出现。但这并不意味着这一天不会到来。如何复制人脑的功能？我们还不知道。那意识可以被复制吗？可以赋予人工智能意识吗？还是说它只是一种在编程指导下，能够执行复杂指令的机器，但完全不知道自己的存在？这可能已经是一个哲学问题了。

当然也存在许多不认可的声音，削弱了史蒂芬·霍金或埃隆·马斯克的影响。所以人工智能及其未来发展也是一个存在分歧的问题。这些问题，无论好坏，应在该领域的其他著作中得到探讨。

在寻找外星生命方面，也有类似的争议。一些人认为外星文明大多是友善的，致力于追求共同利益。比如科幻电影《星际迷航》（*Star Trek*）和《星球大战》（*Star Wars*）中构建的文明宇宙，尽管其中也有冲突的情节，但都是友善文明的典型例子。但近几年来，中国科幻作家刘慈欣的小说《三体》愈发受到大家的欢迎，他提供了一种不同的视角，认为人类对其他文明其实一无所知。

刘慈欣在《三体》三部曲中探讨了如何与敌对文明打交道的问题，提出了一个让人难以反驳的观点：任何生物都有求生的渴望（即"生存本能"），所以由于不能保证我们不会被其他文明毁灭，最好的办法就是在他们得到机会摧毁我们之前，抓住合适的时机先消灭他们。

小说称之为"黑暗森林法则"。宇宙是一座巨大的、寂静的黑暗森林，身处其中的每一个文明都在默默观察它周遭的环境，不发出任何信号，不让任何其他文明发现自己的存在。如果真的遇到了某一文明，那就应该在其构成威胁之前消灭它。不管处于怎样的发展水平，最重要的是先确保自己的生存。

此时的宇宙将变得危机四伏。在刘慈欣笔下，只有最强者才能存活下来。如果真有文明在监听，寻找潜在的威胁，那么最发达的文明将会摧毁其他所有文明，或者说至少也是其他所有被发现了的文明。对于一个文明来说，由于不了解其他文明的样子，它永远不会知道自己是否是最先进的那个，所以它也永远不会暴露自己的存在。

如果真是这样，那史蒂芬·霍金的担忧就不是无稽之谈。当向宇宙发射信号，宣告人类的存在时，我们也在提醒他们可以随时来拜访地球，或摧毁地球。就算"黑暗森林法则"听起来有些疯狂，但它仍然可以被看作"费米悖论"的一个延伸。为什么尚未找到宇宙其他文明的踪迹？因为他们都埋伏在四处，一边保护自己，一边做好准备消灭任何挡在前方的文明。

我们还可以从正反两个方向继续思考这个假说。当一个文明达到某一发展水平，是否都会选择噤声，不向太空发射信号，以免暴露自己的存在？考虑到星际旅行的现实性，其他文明的威胁好像显得没那么重要了。要用 10 000 年去袭击 1000 光年以外的文明有意义吗？当到达他所在的区域时，那个文明可能都已经消失了。甚至可能更糟，当这个袭击者文明在太空中行进时，自己可能就走向了灭绝。

我们可以用同样的方式思考任何一个假说。由于无法确切得知其他外星文明将会如何选择，所以我们可以同时持有乐观和悲观的观点。

总的来说，近年来学者发表了各种各样的研究，观点各异，有比较乐观的，也有比较悲观的。一些研究认为，人类可能是银河系甚至可观测宇宙中唯一的文明。如果真是这样，那么宇宙中任何一种生命形式的发现都将是革命性的。如果火星上真的曾有微生物，人类对宇宙生命的看法将会改变。假设火星现在仍有微生物存活，且土卫二或木卫二，或者两颗卫星上都有生命存在，那很有可能银河系中也是充满了微生物的。

还可以通过地球生命的演化历史来推测接下来会发生什么。鉴于一旦条件符合，地球上就出现了生命，所以银河系中可能也到处都是微生物。又因为我们的太阳和我们的地球都没什么特别之处，那出现生命应该也没什么可大惊小怪的。而地球复杂生命用了数十亿年才出现，所以银河系中可能只有很少的行星也达到了类似的水平（可能是因为时间还不够）。

此外，地球上只有一种文明，由此可以推测银河系中只有少量行星也处于同一发展等级，彼此之间相隔数千光年。最后，如果地球生命没什么特别之处……那人类文明的发展是否也是如此呢？其他大部分文明是否也拥有相似的科技水平，一些更发达，一些则更原始呢？

此时，能够星际旅行的文明就少之又少了。你应该已经注意到，这本书中经常提到"可能"这两个字。因为这是我们能得到的最确切的答案了。

第七章
交际悖论

你也许不止一次想象过外星人的沟通方式。他们用什么语言？我们可以学习它吗？它听起来什么样？但用不了多久你就会发现，事实与想象完全不同。虽然地球语言本质上来自同一种沟通模式。但仅用地球上的例子就可以说明，不谈数学与科学，与外星人沟通不亚于痴心妄想。

举个最简单的例子，"罗塞塔石碑"。它展示了文明之间沟通的困难。讽刺的是，这就是地球历史中的故事。卡尔·萨根在其著作《宇宙》中这样描述：古埃及文明之所以与我们相距甚远，不是因为空间浩瀚无边，而是因为时间漫长无垠。几个世纪以来，古埃及象形文字一直是一个未解之谜。有许多学者提出观点，尝试解释它的含义和想传达的信息，但他们却无法解释这些生活在数千年前的古埃及人有怎样的经历和故事。

至少在法国历史学家让－弗朗索瓦·商博良（Jean－

François Champollion）之前，这一直是一个谜。商博良1790 年出生于法雅克，1832 年于巴黎去世。他借助"罗塞塔石碑"成功破解了古埃及象形文字。在这块石碑上，古埃及人用埃及象形文字、古希腊文字和当时的通俗文字刻制了一部关于法老托勒密五世的诏书。这部诏书发布于公元前 196 年的孟菲斯。这块石碑可能曾位于某个神庙之内，后经人移动，被当作建筑材料用来修筑尼罗河三角洲拉希德镇附近的一座堡垒。

正是在那里，1799 年，法国士兵皮埃尔－弗朗索瓦·布沙尔（Pierre-François Bouchard）发现了这块石碑。随后的几年，人们一直用它来研究象形文字，提出了许多不同的观点。有人认为这些图案都是符号，这没有错，但只说对了一部分，因为这些图案不全是表意文字，其中的一些也有表音作用。我在这里讲这个故事是有原因的，因为它的有趣之处不是商博良的聪明才智，不是他破译古埃及象形文字的能力，也不是他打开了通往古埃及文明历史的大门。重要的是，这个故事从某种程度上说，就像是与一个未知文明的初次接触。

如果没有"罗塞塔石碑"或其他类似文物的帮助，也许我们将永远无法理解古埃及象形文字。它与今天的文字差别很大，让人不知从何开始破解。同样，当我们希望与一个远隔千里的外星文明沟通时，也会面临相似的疑问。

这个问题还可能更复杂。就像卡尔·萨根在《宇宙》中描写的那样，外星文明可能是在与地球截然不同的环境下发展和演化的。他们的经历，他们的世界，他们对宇宙的观察和理解也将与我们有天壤之别。

而在"罗塞塔石碑"上，托勒密五世的诏书还使用了古希腊语。它成为沟通的桥梁，十八世纪末和十九世纪初的商博良借助它打破了沟通的障碍，找到了字符之间的对应，翻译出了这个完全不同的语言系统。也就是说，之所以能够破译"罗塞塔石碑"，是因为古人已经将象形文字翻译成了他们早已掌握的另一种语言。

可外星人不讲地球语言。就算宇宙再浩瀚，也找不到说英语或其他人类语言的外星人，更不用幻想谁能把我们的语言翻译过去了。所以，我们需要一个宇宙通用"翻译"，无需像《星际迷航》里的徽章通信设备一样简便、合适、好用，但它可以帮助我们和其他智慧生物沟通交流，就算是一种很初级的工具也可以。

这种宇宙通用的语言就是科学。比如"阿雷西博信息"中使用的数学知识——二进制。二进制通俗易懂，可能所有高级文明都能理解其运算方式，甚至还开发出了他们自己的版本。但无论是古埃及象形文字，还是英语，还是任何其他语言，它们都是为了传递信息。如果只是随意选出地球上某种语言的几个文字，这是没有意义的，甚至连该语言的母语者都不能理解。

那我们可以传递什么信息呢？宇宙中的所有文明都有一个共有的知识，那就是宇宙的运作。自然的法则适用于地球，也适用于整个宇宙。如果一个文明能够向其他地方发送信息，或者能够建造飞船，那么它一定知道什么是电磁光谱，什么是引力，什么是强核作用力和弱核作用力。所以，正是宇宙自己给了我们一块全宇宙通用的"罗塞塔石碑"。

正因如此，在"旅行者号"探测器携带的镀金光盘上，科学家用氢原子的跃迁时间编写了信息，只需要了解与之相关的知识，就可以看懂这张光盘的内容。这样，就像会古希腊语的商博良一样，或多或少经过一些努力，其他文明就可以破解光盘的信息，或者任何用相同"密码"加密的信息。

反之亦然。如果我们也收到了一条信息（就算这种可能性微乎其微），要做的第一件事就是尝试破解它的内容，以及搞清楚它是怎么编写的。但有个问题不容忽视：现在的我们是人类自身演化的结果。我们对世界和时间有十分具体的感知，但其他的文明可能会有全然不同的视角。也许人类需要用几小时来传送信息，别的外星文明只需要几秒钟。或者正相反，人类只需要几分钟，而对方却需要几小时。J. R. R. 托尔金（J. R. R. Tolkien）在其著作《指环王》中就描写过一个绝妙的例子——"树人"。这些生物需要用很长的时间来传达一条非常简单的消息。用树人首领"树须"的话来说："在树人的世界里，沟通是十分缓慢的。"

前几年，电影界也出现了一部相关题材的影片——《降临》（2016）。它的内容非常有趣，讲述了人类尝试解读外星信息的故事。电影中的外星文字极为复杂，与地球常见的文字体系相去甚远。他们用差别甚微的圆形符号来表达相对简单的观点和信息，但也十分容易产生误解。

诚然，这些都是科幻作品当中的例子，不过它们仍为一些重要的问题奠定了基础。我们能够识别外星信息吗？假设外星人给地球传送了一条仅有几秒钟的消息，此时我们的大脑会完全反应不过来，因为我们的处理速度太慢了，无法应对这些速度更快的信息。

相反，如果收到的是一条持续几小时的消息，也是无法识别的，因为我们不会一直观测太空中的同一片区域，直到整条讯息接收完毕，所以我们可能会把这条信息的片段当作宇宙背景噪声。此时，人类的大脑运转得又太快了，无法识别出这是来自其他星球的信息。

现在的我们是人类自身演化和历史发展的结果……除了"旅行者号"探测器，"先驱者号"探测器上也有一张镀金铝板，它携带的信息没有那么丰富，但也有一条存在争议和分歧的内容。在光盘背面，刻画了一张太阳系示意图，并在第三颗行星（地球）旁边画了一条指向探测器图案的箭头，示意这就是它发出的位置。

与"旅行者号"探测器情况一致，"先驱者号"探测器上携带的信息也极难被外星文明捕获解读。但让我们假设它被某一个文明捕获到了吧，假设他们是一个采集社会的后代，无需通过狩猎来生存。此时，箭头这样的符号对他们来说就是难以理解的。因为我们传递的信息，以及我们对这个世界的认识，全部都是基于我们自己的经历。

如果我们真的与这样一个文明建立了实时联系，能否让他们理解"狩猎"的含义呢？或者说，能否让他们明白，为什么狩猎是人类文明早期必要的基本组成部分呢？也许不管我们怎样努力去解释，最终也只是徒劳。同理，其他文明的经历对于我们来说可能也同样难以想象，因为我们没有在他们所处的环境中生存。

除了谈论比人类更先进的文明之外，我们还可以谈论那些更原始的文明，或者人类作为一个物种与其他物种的不同。老鼠和人的 DNA 只有 2.5% 左右的差异，但跟老鼠讲人类的故事和历史简直就是天方夜谭。这种情况在人类面对其他外星文明时也会发生吗？可能性有多大？

所有这些又将引向一个更复杂的问题：我们能认出外星生命吗？不要因为电视剧和电影中有各种各样的外

星人，就用一个简单的"能"来欺骗自己。

因为从本质上来说，我们对外星人的幻想都有同样的来源，那就是人类自身的演化和历史，然后或多或少有些许不同之处。我们想象的外星人都是两足动物，有同样的听觉频率范围，在同样的光谱上观察世界，甚至连对宇宙的认识也是相似的……因为这是我们唯一了解的文明形式……不管这些外星人是怀有善意还是恶意，他们总有，或者几乎总有一段动荡的过去。

和人类一样，这些外星人也都是探索者。所以，我们的科幻作品总是在用外星文明来代表自己，突出我们自身的优点或缺陷。

但这也是无奈之举，因为我们没有其他的文明可以参照。会有其他愿意向外探索的文明吗？也许有吧。但他们会希望亲自到访其他星球吗？还是说他们知道无法适应其他地方的环境，所以只用机器来探索就可以了？也许他们仅在自己所处的行星系统以及附近的恒星周围有几个定居点，所以为了确保整个物种的存续，可能没有进行星际旅行的意愿。

也许有些文明只关注自己的生存，没有特别强的好奇心。他们只想避免灭绝，所以其他的事情就都是次要的了。

如果考虑到以上所有因素，那情况就会与地球大不相同。假设存在一种生物，只能看到红外线波长范围内的世界，只能听到比人耳听觉更低的频率，会避开光亮强的地方，因为那会伤害到他们。此时，与这类生物的沟通将是极为困难的，因为我们之间没有任何相似之处。但是，我们仍有一个共同点，那就是科学。

不论是出于自保还是出于好奇，任何一个有能力进行星际旅行的先进文明，都应当知道什么是科学。他们都必须乘上科学之舟，没有它，哪里都去不了。

科学是一种工具，强大且神秘。多年来，人们提出许多与外星人之间可能的沟通方式，我个人最喜欢的是通过暗物质这种办法。暗物质占宇宙质量的 20%～25%，简单来说，它的作用就是提供额外的引力约束。例如，它的存在能够解释为什么星系可以聚合在一起，因为如果只有人类能够看到的普通物质（仅占宇宙质量的 5%）的话，星系早就应当分散开来了。

暗物质是一个巨大的未知。它不与电磁波相互作用，仅与引力发生作用。为了解开宇宙最大的谜题之一，同时为了了解为什么宇宙一直在加速膨胀，科学家不断提出假设，猜想哪种粒子最有可能是暗物质。但时至今日，仍然一无所获。

试想银河系中有一个比我们更先进的文明，而且还比我们更辉煌（为什么不呢？）。这是一个极为璀璨的文明，在其科技发展的早期，就揭开了暗物质的神秘面纱，也知晓了它的特性。

不仅如此，他们还学会了如何操纵暗物质。如果他们不了解宇宙中的其他文明，那么在他们看来，其他发展水平相当的文明也一定了解暗物质的存在。因此，为了让星际沟通变得更加容易，他们决定利用暗物质来发送消息……

此时，就像人类使用宇宙最丰富的氢元素的跃迁时间来编辑信息一样，这个文明也会觉得利用暗物质是理所当然的。然而，对于人类来说，却无法想象暗物质竟然可以被用来传送讯息。

当然，我们不能从字面上去理解这个例子。它其实是为了说明，为什么我们不能把人类的经验和期待强加到其他文明上。尤其是在说到外星生命的时候，我们总是倾向于认为他们拥有更领先的发展水平。顺着类似的思路，一些科学家开展了研究，希望能够观测到一些确实能够被捕捉的技术信号。2019年，研究人员阿尔伯特·杰克逊（Albert Jackson）提出了"中微子信标"（neutrino beacon）的概念，认为先进文明可以运用中微子光束，借助中子星和黑洞，和星系其他星球通信。

几十年来，以提出"戴森球"假说的弗里曼·戴森为首，许多科学家均针对智慧生物的可能行为活动提出了相关假设。

在阿尔伯特·杰克逊的研究中，他借用了戴森的一句名言："寻找外星文明的第一条原则是：在仅受物理定律限制的情况下，想象最有可能的人工活动。然后去寻找它。"

可以说，在这种理念的驱使下，"曲率引擎"或"虫洞"等假说产生了。二者都论证了在不达到光速时，如何快速在宇宙中移动，并提出了理论上可行的方案。而且它们都可能被付诸实践。

杰克逊在他的研究中指出，由于中微子光束很容易

　　　　　　　　　　　　　　　　　宇宙在召唤

在星际介质中传播，所以一个非常先进的文明可以运用它来传送信息。中微子基本不与其他物质发生作用，因此不必考虑建造机器的问题。这个假设在理论上说是可能的，所以也许银河系中已有文明发现了它的应用方式。

当想到比人类更先进的文明时，这往往是唯一的限制。他们能用黑洞的能量发射飞船吗？可以。我们有这个技术和能力吗？差远了。这重要吗？不，因为对于一个拥有更高端技术的文明来说，鉴于他们已有的知识和发展水平，这可能就像小朋友的游戏一样简单。此时，就算我们无法理解它，也显得无关紧要了。

杰克逊的研究也提出了相似的观点。他认为，为了发送中微子光束，需要借助"引力透镜"。将其放置于信息发射地和目的地之间，它就能像一个巨大的放大镜一样，起到放大信号的作用（比如假设黑洞位于合适的位置，就能起到相似的作用）。因此，需要将中微子光束源放在这类"引力透镜"旁边，或者中子星旁边也可以。然后，为了能够捕捉到这条信号，需要在"引力透镜"周围的轨道上布置数量极大的卫星，甚至可以达到数万万亿个。

换句话说就是需要比银河系恒星数量还要多的卫星（而最乐观地估计，整个银河系的恒星数可达 4000 亿颗）。这完全超出了我们的能力范围，但对于一个发展水平极高的文明来说，迟早可以实现这个目标。

而且，发射信号所需的能量比人类一年所需的能量还要高。但一个科技水平遥遥领先的文明仍然可能用这种方式进行星际交流。而通过这些问题，我们就可以想象那些能够捕捉到相关信号的仪器长什么样子了。

毕竟现在我们拥有中微子望远镜，如果有外星文明存在，其周围可能会有异常数量的中微子，代表了一种明显为非自然发生的现象。如果观测到了相关情况，那么它可能就是一种外星信息。

当然，以上只是探测外星文明的一些可能实践方向。它们都源于同一个不完整的出发点：我们不知道其他文明会如何行动，只知道我们自己。多么令人遗憾。

我们无法知晓更先进的文明会怎么做。而对于一个发展水平与我们相似的更原始的文明来说，也许他们也有类似的宏大目标，想知道自己在宇宙中是否孤独，想去探索所在的行星系统，想去继续推进对宇宙的研究。

但说到先进文明，总会有种种限制。他们到底有多先进？是不是已有人类在 50 年后才可以拥有的技术？如果是这样的话，那他们的目的和愿望可能与我们没什么不一样。但如果他们有人类在 100 年后才能拥有的技术呢？我们无法得知一个世纪后会有哪些新的发现和进步。那如果是 1000 年以后的技术呢？10 000 年以后呢？100 万年以后呢？只要符合物理定律，这些想法就属于科幻的范畴了。

让我们再次回到沟通的问题。如果一个文明通过表达思想观念来沟通怎么办？如果他们使用的方法是人类想都不敢想的怎么办？如果他们觉得，只有用宇宙最稀有的元素的频率来沟通才是合理的，又该怎么办？

我们只能做出这样或那样的假设，仅此而已。以我们现有的技术，能做的只有发送信息，然后等待信息被破译。但考虑到银河系的大小以及恒星的数量，这种可能性微乎其微。当然，我们也可以主动关注头顶的星空，期待成为那个发现外星信号的人。但这样也还是会面临一些问题。向 1000 光年以外的恒星发射信息有什么用？这在天文的尺度上当然很近，但我们却要等上上千年才能知道是否有文明接收到了它。

就算被某一文明捕获了，他们会如何看待我们？以史蒂芬·霍金为代表的许多科学家对盲目向宇宙发射信号持保留意见，并非毫无道理。我们不知道更先进的文明是否已经摒弃了战争的观念，也不知道他们是否更加善良或有更高的道德标准。也许他们每天都在接收信息，但选择了视而不见。

但是……如果无法找到与其他星球生物沟通的方式，那我们还能做什么呢？我们甚至都无法想象他们的技术水平，所以寻找外星生命最大的挑战也许并不是了解他们会如何行动，如何反应，如何看待这个世界。

也许问题的答案并不在于向外探索。就像卡尔·萨根所说，人类仍是一个年轻的物种，有极大的好奇心，也有很强的潜力。不管是从社会的角度，还是从文明的角度，甚至是从我们自己的角度，人类都需要更加了解自己一点。

现在的人类甚至无法就国际合作达成一致。不说别的，正在我写下这些话的时候，俄罗斯宣布不会参加"阿尔忒弥斯计划"。该计划由美国主导，目的是将宇航员送至月球并返回。为什么俄罗斯拒绝参与？他们太关注"美国人"的身份了。当然，我不想定义它的对错，这也不是这本书的目的，这件事只是在提醒我为什么要写下这些内容。也许在幻想寻找一个发展水平领先，团结一致，为了一个相同的目标或一个更伟大的梦想共同努力的文明之前，我们自己先要走过同样的道路。

对这些问题的思考会帮助我们更好地面对未来。不仅是那些近在眼前的威胁，比如陨石撞击或全球变暖导致的物种灭绝。也有那些更遥远的挑战，比如太阳甚至太阳系的死亡。而在思考人类为何孤独的问题，以及为什么地球周围似乎没有其他先进文明存在的问题时，有一个关键因素我们一直没有讨论，那就是——时间。

第八章
生物之外

在进入这一章节之前，必须再次强调，根据目前为止观测到的结果，地球仍是已知唯一一个有生命居住的星球。而对于地球之外的情况，仅能基于宇宙和其演化过程以及人类自身的表现得出一些假说和设想。也正因如此，我们总是会感觉到自己的渺小。

有时候，当说起寻找外星文明，如果他们就像科幻小说中写的那样与我们的科技水平相当，就总会有些全然否定的声音。但提到更先进的文明，脑海中总会浮现许多夸张的想象。此时最好的办法就是诉诸"卡尔达舍夫量表"。

假设银河系中真的存在先进文明，发展水平比人类领先更多。但不管是因为人类现有技术的限制（毕竟我们只了解自己已经拥有的技术），还是因为他们没有暴露自己，总之由于种种原因，我们无法探测到他们的存在。

1964 年，苏联著名天体物理学家尼古拉·卡尔达舍夫（Nikolai Kardashov）通过文明对能量的掌控程度，提出一种宇宙文明的分类方式，即越先进的文明能够掌控的能量越多。这是因为就算无法证明其他文明的存在，也不能停止思考他们的样子，以及他们的能力与局限。但我们无法超越对宇宙已有的了解展开想象。

比如说，已知物体无法超越光速，因为移动速度越快，质量也就越大，这就是相对论质量，只有在接近光速时才会明显显现。所以为了能够持续加速，随着质量的增长，所需能量也需要增加。这就像一条咬住尾巴的鱼，又想要头又想要尾，是一个明显的悖论：为了持续加速，相对质量和能量会不断增长，但一个有质量的物体永远无法达到 100% 的光速。

所以就算一个文明科技水平再高，就算他们在不违反物理定律的前提下已能够建造虫洞，或使用曲率引擎在宇宙空间中长距离移动，也无法以光速进行星际旅行。

"卡尔达舍夫量表"等一系列假说也都遵循这一原则。只有这样，宇宙文明的技术才能发展。我们无法想象这是怎么做到的，但就像上一章所说，我们受制于现有知识，并不代表他们无法做到。

尼古拉·卡尔达舍夫以文明能够掌控的能量为标准，将其分成了三类。其中"一级文明"能够利用所有星球表面接收到宿主恒星释放的能量。几十年来，人们一直在探讨人类处于哪一级别，但鉴于我们尚不能利用所有从太阳接收到的能量，所以我们还未达到"一级文明"。

一般认为人类文明所处阶段为 0.7 级或 0.8 级。美国理论物理学家加来道雄说，也许再过 200 年，人类就能达到"一级文明"。也就是说现在虽然离目标还有一段距离，但随着科技的发展，不用多久就可以达成。

"二级文明"能够利用宿主恒星发出的所有能量。此前提到的"戴森球"就是"二级文明"能够发展出来的技术，有了它，就能捕获恒星发出的所有能量。

"戴森球"是一个绝佳的例子，因为它远超人类技术能达到的水平。我们甚至都不知道该如何去建造它。但从理论上讲，这并不是毫无可能的事情（当然，建造它一定是极为复杂的）。最有意思的是，从银河系其他地方可以明显观测到"戴森球"存在的迹象，比如在分析恒星亮度时，如果恒星在红外波段中比在可见光波段中更亮，则说明其周围可能有"戴森球"。

有能力建造"戴森球"的"二级文明"有比我们想象中更高的科技水平，但在其之上，还有更先进的"三级文明"。甚至很难量化这一级别文明能够掌控的能量到底有多少，因为他们可以利用其所在星系的所有能量。

想象"二级文明"对我们来说已经有些困难了，那"三级文明"的科技又能达到什么层次呢？甚至不敢想这些文明使用了什么方式才来到这一级别，也许他们能够收集星系中心超大质量黑洞的能量，或者一次伽马射线暴的能量。可以说，在人类的视角看来，"三级文明"拥有的科技就仿佛魔法一样。

举个例子，可以建造一艘由黑洞能量驱使的飞船吗？我们不知道在物理定律的规定下能否造得出来，但理论上说应该是可以的。不过对于我们来说，单是飞船的建造过程就已经完全超乎想象了，更不要提真的用一座小黑洞驱动它飞行。可是对于一个"三级文明"来说，这简直轻而易举，也许就像小孩的游戏一样简单。

在"卡尔达舍夫等级"的基础上，还有人提出了其他类别，比如"四级文明"，能够利用整个宇宙中的所有能量，以及"五级文明"，能够利用多重宇宙中的所有能量。此外，从文明可操纵的物质所在尺度大小来说，还可以有更多的划分形式。比如说从最大的尺度，也就是人类双手可以操纵的物质，到最微观的尺度。此时，顶级的文明就可以操纵宇宙结构，改变时空。

这对我们来说就像科幻小说一样，但如果真的存在一个极为先进的文明，他们也许真的可以做到。在我们看来，他们的科技就像之前所说，如同魔法一般。

但我们不需要诉诸魔法。在这一章中要回答的问题其实很简单：通过寻找比人类更高等的文明，能学到什么？答案就是，能学到很多。这些知识能帮助我们更好地理解宇宙，理解人类自身的进化，以及地球的演变。

比如说，假设银河系中真的存在其他高级文明，哪怕只有一个，我们都得问问自己，为什么没能发现它的踪迹？假设这是一个二级或三级文明，拥有极为先进的技术，按理说应当留下了一些痕迹。但既然什么都没找到，也许他们并不存在吧……或者，我们也可以提出一些大胆的假说。

2017 年，一组研究人员提出，无法找到其他外星文明的原因很简单，因为他们正处在与冬眠类似的"夏眠"

状态中。听起来有点离谱，是不是？说实话，是的。但它仍然是一种观察宇宙的独特视角。我们现在了解的宇宙已与数十亿年前大不相同，而未来，它又将发生巨大的改变，比如在非常遥远的某一刻，甚至恒星都会停止形成。而且，我们知道自宇宙诞生以来，它一直在逐渐冷却。

基于此，这组研究人员提出了这一有趣却令人不安的观点：对于一个非常高级的文明来说，宇宙现在的条件并不适宜，它太温暖了。为什么？也许他们的生存非常依赖科学技术，比如他们依靠计算机生活（当然，是二级或三级文明使用的超高级别计算机）。那么在这类文明看来，"夏眠"是很有必要的。

但不管怎样，研究人员还是从一个真实存在的现象出发的。在我们的地球上，当气温过高时，一些动物会"夏眠"，它们的生命活动处于不活跃的状态。所以，高级文明也许可以等到宇宙冷却至合适的温度再出来活动。他们在等待一个非常遥远的未来，到那时，宇宙温度更低，信息处理的速度也将更快、更有效率。他们能够获得的会比现在更多。

不过……该如何生存数十亿年呢？这个话题在科幻领域非常流行，现在也逐渐出现在当今社会中了，那就是"超人类主义"，即人类与机器的结合。通过这种办法，人类的能力将会大幅提升，远超生物机体本身能够给予的能力。你可能很快就想到了著名的"赛博格"（Cyborg）。

但实际上，这仅仅是一个极为初级的版本。研究人员认为，真正先进的文明已经不再需要血肉之躯，无需再依靠肉体而存在，而是已经进化至可以将意识存储在某种数字载体中。就好像将意识上传到网络上。

显然这并不是一件容易事。我们可以将意识上传到某种数字载体中吗？有人认为，随着时间的推移和科技的发展，总有一天可以做到。但另一些人则认为毫无可能。毕竟每个人都有意识，而迄今为止却没有任何计算机出现意识，就算是未来的人工智能也不会轻易进化出意识。不仅如此，我们甚至还不知道到底什么是意识。

如果说这种想法合乎常理（就算几年后发现并非如此），所以假设确实可以将意识数字化，那么我们面对的就是一个很棘手的问题。有研究者认为，文明可以从有血有肉的生物演化为超级计算机内的数字生命，这是文明进化中的自然过程。

为此，还需要发展一些能力。如果想以数字生命的形式存在，我们首先需要很强的信息处理能力。超级计算机就可以做到。能想象这种计算机是怎么建造的吗？或者它又是怎么运作的？完全不能。但我们能够找到它的边界。这种计算机的信息处理速度直接取决于它的温度，温度越高，速度越慢。显然我们需要给它降温。

当其运转速度越快，冷却所需的能量就越多。针对这种情况，迟早有一天这些高等文明会开始问自己，这样真的有意义吗？他们的科技水平已经十分先进了，为何不等上个数十亿年，等到宇宙温度更低的时候呢？目前，宇宙的温度大约为 3K，仅比绝对零度高 3℃。这些热量来自 378 000 年前发出的微波背景辐射。

现在的宇宙温度极低，只有 −270.15℃。但对于一个极度依赖超级计算机的文明来说，这仍然可能是一个非常高的温度。所以为了让宇宙继续冷却，他们可以等待数十亿年，甚至可能像研究人员所说，等上数万亿年。直到宇宙中大部分恒星都死去，温度更低，他们就可以用比今天更快的速度来处理信息了。

为什么会这样选择？也许他们已经探索了宇宙的大部分区域，又或者他们在现有条件下，已经做了所有能做的事，只剩下信息的交换沟通了。

我不想从人类的视角分析研究人员提出的这些观点是否有意义（其实，我是想留给每个人去思考）。真正重要的问题不是这些文明这样做的方式和原因，而是如果他们真的存在的话，我们该如何探测到他们的踪迹。他们有超乎寻常的能力，需要保证在数十亿年或数万亿年间，不受到任何危险的威胁，其文明可以一直存活下去。

因此，研究人员认为可以关注一下那些本应发生却没有发生的现象。比如说，两个相近却没有相撞的星系。如何避免银河系和仙女星系在 45 亿年后相撞？我们甚至都不知道从哪里开始思考这件事。但对于一个"三级文明"来说，这可能是在其能力范围之内的事，只需要克服一些困难就能做到。

如果有一个极为先进的文明对"夏眠"感兴趣……是否也可能存在不感兴趣的文明？他们的科技发展水平甚至无需那么领先。此时，这个传说一般的先进文明可能就处于危险之中了。当然了，他们一定设置了防御系统。我们甚至可以基于这个想法拍摄几部成功的好莱坞电影，但对于一个敌对文明来说，可以把握这个时机将其消灭。

但我们在这里讲的东西并不重要。无需探讨这些研究人员的想象力是否丰富，也无需关注住在超级计算机里的文明是否真的会受到威胁。因为大量作者认为这个假想是没有根据的。为什么这么说？需要借助更多假想来解释，尽管它们看起来就像科幻小说一样。

研究人员还提出了其他假设，他们认为有一些现象也指向了其他高级文明的存在。比如说星系正在以一种奇怪的方式运行。

这就是安德斯·桑德伯格（Anders Sandberg）、斯图尔特·阿姆斯特朗（Stuart Armstrong）和米兰·瑟科维克（Milan Cirkovic）的研究《那永恒长眠的并非亡者：解决费米悖论的夏眠假说》。但这也仅仅是我们试图回答为什么无法找到其他先进文明痕迹这一问题时，出现的一个特别的例子。

我们在这里探讨了比"夏眠"假说更加广为人知的概念——超人类主义。它常出现在一些娱乐作品中，认为在未来的某一天，人类会摆脱血肉之躯，超越生物躯体带给我们的限制，成为一个以技术为基础的存在。

这当然有它的优势。不管科学技术如何发达，我们的肉体总会消失。死亡是生命的必然，至少在生物界必是如此。而技术载体却可以永久存活下去，这为我们带来了更多可能性……

比如说，星际旅行。我会在随后几章详细探讨这个话题，但在这里，可以说我们尚不知人类是否可以近光速旅行。人体可能根本无法承受这样的活动，但如果是某种机器，或许它就能克服这些障碍（当然了，还有一些其他的问题需要解答）。

以人类现有的技术，去往最近的恒星也需要几千年。这对现在的人来说甚至想都不敢想。在有生之年，我们无法到达理想中的目的地，连离开太阳系都做不到。但如果以技术作为载体，那就可以突破肉体带来的限制，大大延长生命的时间。这时，一场原本看起来毫无可能性的星际旅行就变得大不一样了。

同样也可以用这种办法来延长一个文明的存续，就算它并未拥有非常先进的技术，也仅仅是一个时间问题。

以数字为载体的生命还可以避免疾病和资源短缺带来的问题……但是也可能会出现其他的挑战，比如电脑病毒。而且，就算是住在信息世界，人口爆炸也仍然是一个不可忽视的麻烦。这些所谓的载体虽然有更长的寿命，但也并非坚不可摧，它会随着时间的流逝而逐渐消逝。所以就算它看起来再强大，也并不是一个完美的解决方案。

此外，延长人类个体的寿命，也无需完全抛开肉体不谈。近些年，有科学家指出，在不远的将来，人类将可以健康生活一个世纪。一旦跨越生物学的障碍，寿命增长至一千年也不是不可能的。

讽刺的是，这又把我们带回了一个不容忽视的议题。人类在医学方面取得的进步已经证明，随着文明的发展，人的生命也可以显著延长。那对于其他文明来说，改善生活条件和提高预期寿命难道不也是他们的首要任务吗？我想说的是什么？生存的本能。这是生命的支柱，这对宇宙中的所有文明和所有生命形式来说都是一样的。

所以，在没有外界因素的影响下，一旦生命出现，就会在某颗星球上生存很长一段时间。地球就是一个很好的例子。地球诞生后不久，就一直有生命居住，当然，是那些相对高等的生命形式。这些生命克服了外界的种种挑战，比如彗星和小行星的撞击，以及附近的超新星爆发等。

但如果宇宙中的其他文明只是……死去了呢？或者说，就算生命出现在某些星球上，但他们没有得到进一步演化的机会。这是一个与此前完全相反的情况。现在我们关注的不再是那些极为高级的文明是否存在，而是怎样的环境才能确保他们的诞生。

2016 年，研究人员阿迪提亚·乔普拉（Aditya Chopra）和查尔斯·莱恩韦弗（Charles Linewearver）发布的一项研究《盖亚瓶颈：宜居性生物学》中就有以上论述。他们认为银河系中之所以没能找到其他文明，仅仅是因为这些文明没有得到进化的机会。

我们已经看到，从本质上说，地球上的生命没什么特别之处。地球就是无数星球中的一个，人类也是由最丰富的元素构成的。这样的情况在宇宙的任何角落都可能发生，但我们却找不到任何一点痕迹，也许这只是因为它们并不存在。所谓的障碍，不过就是演化的速度。

两位研究人员解释道，生命在诞生伊始都是十分脆弱的。所以只有很少的生命能够快速进化，直至能够存活下来。只消看看那些行星系统，其中的大部分在形成初期都是很不稳定的，太阳系也不例外。这些出现在宜居星球上的生命需要调节所处的环境，以便顺利推进自身的进化过程。

我们已经了解地球的生命历史，但也有人提出，30亿年前，金星和火星诞生之初，也曾有微生物居住。但后来，这些生命都没能继续进化下去。这是因为这两颗星球均经历了灾难性的变化，金星出现了地狱般的环境，火星失去了大气和液态水。它们都变成了完全不适宜居住的地方。但地球的大气却得益于微生物，逐渐产生氧气，向好的方向转变了。

在地球上，这些微生物可以继续活动。而在金星和火星上，就算曾经有过生命，在其能够调节周遭环境，让自己存续更久之前，就已经消失了。此时，我们此前提到的"大过滤器"即是位于生命诞生之后。只有那些能够很快适应环境，并为所居星球提供相对稳定的宜居条件的生命形式，才能最终存活下来，并继续它们的演化之路。两位研究者认为，如果在最初阶段没有发生上述情况，生命未能转变星球的环境，那么接下来它们所处的地方就是完全不宜居的，不适宜生命发展。

也就是说，生命只有一次诞生的机会，那就是在行星系统形成初期，也仅有一次机会调整环境，让其变得更加宜居。但令人失望的是，这篇研究所描绘的图景并非空想。是的，生命并没有什么特别之处。而且行星系统形成之初如此不稳定，也没什么值得大惊小怪的……

从概率来看，也许每一个星系中只有一颗行星能够进化出智慧生灵。在这种情况下，整个宇宙中的文明可能屈指可数。甚至还可以更悲观一点，也许在整个可观测宇宙中，只有一个文明。有一些研究即支持这种观点，并希望对此加以证明。针对这个问题，人们提出了大量假设，但就算看起来概率再小，也不能排除人类就是宇宙唯一存在的文明的可能性。

宇宙已有 138 亿年的历史。这么长的时间里，已经足够银河系中的其他文明诞生和发展，也许在我们还未察觉之前，就走向了灭绝。此外，尽管年份看起来很大，但宇宙仍然很年轻。所以……我们是不是到得太早了呢？

第九章
年轻宇宙中的生命

宇宙已有 138 亿年的历史，时间与空间就诞生于那么遥远的一刻。为了搞清楚我们到底是来得早还是来得晚，首先要分析一下周围的情况。从我们的视角来看，138 亿年是一个极其庞大的数字。宇宙很老，比任何一个人类都长寿，也比仅有 45 亿年的太阳系要大得多。

很难客观看待这些个数字，也很难真正理解宇宙到底走过了多少岁月。自诞生起，宇宙就经历了深刻的改变。其中很多发生于最初期的阶段。也许我们正处于宇宙的成熟期，未来也将不会出现太大的变化……真的是这样吗？

事实是，虽然我们面对的是一个巨大的数字，但现在的宇宙仍然年轻。用一个例子来证明，现在还尚未出现黑矮星。这是一个假想中的天体，是一颗年老恒星在将其所有能量都辐射至太空中之后剩下的遗骸，这些遗骸也已经完全冷却了。黑矮星之前的阶段是白矮星。像太阳这样的恒星残骸，将会在非常长远的时间范围内慢慢降温。目前已知最古老的白矮星尚未完全冷却，还需要很长很长的时间。也就是说，为了成为黑矮星，它走过的时日还不够。

同样，银河系将会在 45 亿年后与仙女星系相撞（神奇的是，到那时，太阳也将结束它的主序期，停止将氢转化为氦）。实际上，银河系正在与周围的矮星系碰撞。未来 10 亿年到 40 亿年间，我们将会与大小麦哲伦星云相撞。这是银河系最大的两座伴星云，均为矮星系，而且在南半球很容易观测到它们。

如果让宇宙历史的齿轮向前滚动，呈现在我们面前的将是一片暗淡的景象。比如说，大约 5000 亿年后，本星系群将不复存在。本星系群由最大的三个星系组成，即银河系、仙女星系和三角星系，此外还包括仙女星系和银河系的大量矮伴星系。到那时，以上所有的星系都将彼此碰撞，然后形成一个更大的单一星系。

如果有一个文明出现于 1 万亿年后，他们将无法重塑宇宙的历史，也无法得知它曾有一个开端，也将有一个结局。除非他们从某个有幸存活下来的文明那里得到相关消息。对于这个文明来说，他们看到的宇宙是与今天完全不同的，但从他们的视角来看，宇宙似乎从来没有变过。

宇宙中的物质是有限的，迟早有一天，恒星将不再形成。最后的那些恒星将在 100 万亿年后死亡，这样看来，宇宙尚未走过的路比已经走过的要长很多。这又引发了许多有趣的思考，比如说，近年来有学者提出，宇宙历史长河中 95% 的恒星可能已经形成了。

其中有一项研究值得关注。2015 年，研究人员彼得·贝鲁兹（Peter Behroozi）和莫丽·皮尔普斯（Molly Peeples）发表了一项研究，认为 92% 与地球构成相似的行星尚未诞生。它们将在银河系周围或宇宙其他地方的矮星系中逐渐形成。

尽管这看起来就像是一件奇闻逸事，但却能让我大概了解地球在宇宙当中的位置。只消在宇宙历史的大背景下研究岩石行星的形成即可看出，包括地球在内的许多岩石行星都出现得比预期更早。这并不意味着我们的星球是稀有的，银河系中就有许多个岩石星球，而且很多还都处在恒星的宜居带内。但在未来，这一群体的数量可能还会增大。

这无疑为生命的出现提供了一个重要的前提。毕竟适宜孕育生命的星球越多，生命诞生的可能性就越大。人类出现在地球上就是一个很好的证明，说明智慧生物已经出现，无需等到遥远的未来。但也许还要等上很长时间，智慧生物的数量才会变得更加丰富。

所以人类是宇宙中的第一个文明吗？也许最合理的答案是"不是"。我们可以用"平庸原理"来解释，它与太阳系的情况完美适配。

在这本书中，我还没有直接提及过这个概念，但实际上我已经在多个场合引用了它。比如，每次在说到地球所在的这个小小角落根本没什么特别之处的时候。这是千真万确的。太阳就是一颗黄矮星，与银河系（和宇宙其他星系）中的数十亿颗黄矮星并无二致。太阳系中的行星也平平无奇，它们都是由宇宙中最平常的元素构成的。

既然如此，就像此前所说，如果还存在其他文明，其数量也应当是很庞大的。而且他们既不是最原始的，也不是最先进的（否则的话，我们就会变成特殊的存在，这将违背"平庸原理"的原则）。

这又引发了另一个不容忽视的问题，那就是整个宇宙都遵循"平庸原理"。所有的恒星，不管质量多大，都和所有的行星一样，是由同样的元素组成的。除非是在极端环境中，可能会存在一些奇特性质的物质。此外，在宇宙的某处，某一时刻，总会有第一个文明出现。总得有人做第一个，就像在遥远的未来，总有文明会是宇宙中的最后一个。

地球已经有 45 亿年的历史，而从宇宙尺度来看，几亿年前出现的复杂生命仿佛就是一件刚刚发生的事。因此，我们很可能并不是第一个文明。毕竟在如此长的岁月里，在其他恒星的周围，很可能有很多出现生命的机会，他们也很可能进一步演化成为文明。

当然，由于尚未找到他们的踪迹，我们也可以假设这些文明早在人类出现以前就灭绝了。抑或是他们仍在某处，只是我们的科技水平尚不够发达，无法捕捉到相关痕迹。但这并不重要。重要的是要回答，我们现在正处于哪一个阶段呢？

宇宙中的第一个生命是什么时候出现的？宇宙诞生

93 亿年后，太阳系形成了。而首批恒星形成的时间则更早，仅在宇宙大爆炸发生后 1.5 亿年。甚至还有科学家认为是在大爆炸发生后 5000 万年到 1 亿年。第一批恒星仅由氢和氦组成，也就是大爆炸产生的元素。其余的元素则是在恒星诞生后，在其内部逐渐产生的。

类星体是人类可观测到的最遥远的天体，大约在宇宙诞生后 10 亿年里形成。在对类星体开展研究时，科学家发现了大量的碳元素，数量之大，与太阳系中的碳元素含量相当。在宇宙最初的 10 亿年间，也慢慢出现了其他生命所需的必要元素。因此，第一批岩石恒星可能就是在宇宙诞生后 5 亿年左右形成的。

也就是说，与地球相似的星球（无需特别较真，现在主要探究的是岩石行星何时出现）可能在宇宙形成初期就存在了。而生命的形成需要大量的碳，所以通常认为到宇宙诞生 15 亿年时，尚未产生足够的碳元素。

而自此之后，理论上讲在这个年轻宇宙中的某个地方，比如地球，将会有生命开始形成。当然，我们并不能保证事实一定如此，但它能让人明白，针对第一个生命何时出现在宇宙中这个问题，人类的诞生似乎并不算早。也许在人类之前，早就有其他文明存在了。

不过，尚且无法确定岩石星球是否是生命诞生的必要条件。毕竟"有生源论"就提出，生命的基础元素是几十亿年前通过小行星或彗星撞击带来的。那根据这个假说，生命的物质基础可以四处分布在太空中，无需某颗行星的滋养。尽管后者对于生命的演化来说是必不可少的。

这又带来了另一个重要的问题。银河系中有多少宜居星球？根据变量的不同，各种估值差异很大，且从某种程度上说均有一定道理。

例如，2020 年发布的一项研究《开普勒数据中类太阳恒星周围宜居带内岩石行星的出现》即设定了明确的变量。一般来说，人们多直接关注类太阳恒星周围的宜居带内是否存在行星，但却没有确切说明该恒星比太阳更年老还是更年轻。

但在这篇研究中，研究者清楚表明其研究对象是与太阳同时期的类太阳恒星，且温度也相近。也就是说，他们研究的是与太阳最为相近的那些恒星中，有多少颗类地岩石行星处于其宜居带内。该研究得出的最终结果为大约 3 亿颗。且其中可能还有一些就在我们周围，距我们不到 30 光年。

如果确实如此，那么这些岩石星球是可以被人类探测到的，且在詹姆斯·韦伯空间望远镜的帮助下，人们可以对其展开深入的研究，看看它们与地球到底有多相像。3 亿座宜居世界，这个数字是多是少？不管我们在前面的章节讲了些什么，这个问题在每个人心中都会有不同的答案。

如果将统计标准设得更宽松一些呢？2020 年的另一项研究《开普勒全部数据检索（二）：F、G、K 型恒星的行星生成率估算》则得出了更大胆的结果，认为每五颗类日恒星（不管其年龄或温度如何）周围就会有一颗类地行星。此时，系外类地行星的总数可达到 60 亿颗。毫无疑问，这个数字十分令人惊喜。因为就算是很小的数目，也会让人觉得智慧生命一定会在银河系某个地方出现。从这个视角来看，地球几乎不可能是唯一一个有人居住的星球。

问题是要考虑宜居带的情况。我们说的不是恒星的宜居带，也就是恒星周围能够确保行星表面有液态水的区域。我们说的是另一种愈发受到学者关注的情况——星系宜居带。并非所有的恒星周围都适合生命演化，在星系中，也会有部分区域的环境对恒星很不友好，尽管它可能已经具备了适宜生命发展的种种条件。

考虑到两种宜居带的情况，一颗可能孕育生命的行星首先需要位于恒星宜居带之中。其次，它还需处于星系中的特定位置，那里不能充斥着高能辐射，如 X 射线或伽马射线。

为什么要关注这一点？我们知道，地球免受大部分辐射的影响，大家最担心的 X 射线或伽马射线都无法直接到达地球，这两者都属于电离辐射。这类射线的能量能够使电子脱离原子轨道，导致电离现象。在电磁光谱中，只有伽马射线、X 射线，以及紫外线中的高能部分拥有产生电离所需的能量。剩下的部分，即紫外线中的低能部分、可见光、红外线和无线电都是非电离辐射。

而只有电离辐射能够引起严重的健康问题。它们能够导致细胞的死亡，进而重创我们的身体，带来癌症、器质性损害，甚至导致死亡。所以，像 Wi-Fi 这样的东西是不会伤害到我们的，因为它属于无线电，其产生的能量远低于电离辐射所需的能量。

因此，大量的电离辐射会给生命演化造成极大的困难。这甚至对于微生物等简单生命形式来说都是十分危险的。所以我们并不关注那些辐射超高的区域，因为生命很难在那里诞生。

此外，引力相互作用可能也会导致行星的轨道无法全部处于宜居带中。比如说，球状星云是一片很小的区域，但却集中了大量的恒星（有的甚至有几百万颗）。在这类星云中，所有恒星之间的引力相互作用都可能导致行星轨道不稳定。所以就算它在理论上具备了所有生命孕育所需的条件，实际上也很难付诸实践。

更不要忘记，生命也不能在星系边缘诞生。因为那里缺少足够数量的金属。在天文学中，除了宇宙大爆炸时生成的氢和氦之外，剩下的所有元素都被称为金属。离星系中心越近的地方，金属含量越丰富。而星系边缘金属含量稀少，很难产生宜居世界。

星系的中央也是不可能的。因为超新星爆发等现象，那里的辐射很高，理论上讲，生命很难在那里落地生根。

因此，我们可以这样想象银河系，它有两处不宜居的区域（内部和边缘），以及一片覆盖了这两端之间的宜居带。

一般来说，这片宜居带将是一座星系中唯一有可能找到宜居星球或有生命星球的地方。太阳系距离银河系中心 26 000 光年，从它到银河系中心或到银河系边缘距离来看，太阳系都处在一个中间位置。

但对于银河系这样一座旋涡星系来说，并非宜居带内的所有地方都有适宜的条件。在旋臂上，可能有很多恒星在其生命末期会产生超新星爆发；在恒星形成区，辐射可能也会很高。只有旋臂之间的区域才算相对安全的，也就是说，银河系中只有 10% 不到的恒星能够提供适宜生命演化的条件。

是不是感觉有些失望？别慌，情况还可以更糟。旋臂之间的区域并没有那么多星球，那里的恒星很少。大部分恒星都集中在了旋臂和中心处。所以，大约只有 1% 的恒星能够为周围的行星提供合适的条件。当然了，以上只不过是一种假设，帮助我们思考在哪里能够找到宜居行星。

太阳系位于猎户座旋臂中，也就是银河系的一个小旋臂内。我们的太阳绕银心公转一周所需的时间为 2.5 亿年（即"银河年"）。大约每 1 亿年，我们就会经过一个旋臂。所以在地球历史上，这处银河系的小小角落曾多次身临无法诞生生命的境况。然而现在，我们就在这里。也许星系宜居带并非有想象中那么严苛。

这又不得不让人思考我们所处的环境。地球满足所有生命所需的条件，不仅如此，它还位于合适的恒星周围，而且这颗恒星又处在星系的合适位置。

让我们再次回到上一章结尾提到的那个问题：我们是不是到得太早了？是否人类在诞生时，宇宙中的生命并非所想的那么丰富？这取决于我们怎么看待这个问题。我们当然可以为宇宙设定十分乐观的条件，在其诞生后 15 亿年，就已具备孕育生命的必需的前提条件。

相反，我们也可以设置并不那么乐观的条件，对恒星的类型，所处星系的位置等因素都加以限制。如果生命在某颗行星上出现了，但其周遭的环境却没有很快稳定下来，它还是会消失，这个世界就失去了孕育生命的可能。

我们还将面对宇宙发出的种种挑战。我们可以拥有发达的技术，但有一些问题还没有厘清。比如星际旅行。这是人类面对的最大的未知之一，我们将会在下一章详细探讨这个话题。如果星际之间的航行对于一个先进文明来说都太漫长了，那么这将会打消一个文明探索其他星球的欲望。

此时，这个文明可能就会满足于在某颗恒星周围生存，努力避免灾难降临，不让自身走向灭绝。请不要忘记思考这个问题：无差别地向银河系其他地方扩张是否真的有意义？因为如果这样下去，我们面对的将不是一个单一文明，而是从某个文明发展而来的文明总和。

假设不可能通过星际旅行远离宿主恒星，或者说这种情况是不切实际的。且在周围十几光年之内，也没有一颗宜居星球。在这种情况下，诞生于其中的文明只能日复一日地在这里继续生存下去。数十亿年后，他们可能会演化成为一个非常先进的文明。但我们无法想象的是，这座文明是否能够打破物理定律，因为如果他们做到了，他们就是在打破宇宙的规则。

回到"我们是否来得太早"这个问题，以上这些假设可能会削弱这个问题的重要意义。因为在这样的条件下，绝大多数文明可能注定是完全孤立的，在星系的某一段特定历史时期，几乎不可能存在与之共存的其他文明。如果真的是这样，那么文明将会在宇宙中孤独地存在数百万年或数十亿年，他们无法到达其他文明，也就无法与其他文明产生交流碰撞。他们就在数万光年之外的星系另一端，但却没有办法去往那里。更不用说尚不清楚建造和利用虫洞进行星际旅行是否可行。毕竟理论和实践并不总是同步发展的。

如果我们想象出了一种完全不可能的场景该怎么办？如果十几光年之外没有其他宜居行星，我们永远只能停留在太阳系，那作为一个物种又该如何生存下去？如果有数百万人口移民到了火星并在那里生活，我们又该如何看待自己的存在？这些问题引人深思，或许文明的概念也是十分相对的……

第十章
文明中的文明

　　我们在本书中已多次提到，星际旅行或许是不可能的，或者至少不像科幻小说中描写的那样。不过，谁不想像《星球大战》一样，乘坐"千年隼号"穿越超空间？或像《星际迷航》那样，乘上一艘"企业号"船舰，开启曲率引擎，以超光速在星系间穿梭，并在几小时或几天之内到达另一颗星球？

　　这两部电影的设定本质上是一致的，它们都提出了一个我们认为可行的方式，且并没有完全违反物理定律。人不能超过光速移动，所以两者都提出了相应的方案。然而在现实世界，我们却没有办法解决这个问题，只能在脑海中思考如何才能达到这一理想速度。也许有一天，我们会发现一种奇异的能量，能让虫洞保持开放的状态。但问题是，如何才能获得这种能量呢？

　　同样，对于"阿库别瑞曲率引擎"来说，也许有一天我们会找到一种办法，让飞船在不超过光速的前提下，在时空的"曲速泡"中前进。但现在，它只是植根于科幻世界的一种概念，远远超出人类现有的知识和技术水平。当然了，虽然科技还尚未成熟，但这并不妨碍我们承认，要实现以上目标，仍要克服重重困难。

可以实现高速星际旅行，然后殖民其他星球吗？现在看来答案并不乐观。但这不是因为科技水平的局限，也不是因为有什么迹象显示这条路走不通，毕竟从理论上讲，没有任何证据证明人类无法近光速移动。但实际上，现有宇宙飞船的速度仅能达到光速的1%。我们已经拥有了星际飞船，只不过它们无法飞得太远，而且在将来也不会有很大的用武之地。

此前说过，现在飞离地球最远的飞行器是"旅行者一号"和"旅行者二号"探测器。"旅行者一号"于1977年9月5日发射升空，现距地球227亿千米，约为地日平均距离的150倍。"旅行者二号"于同年8月20日发射升空，现距地球188亿千米，即125AU（天文单位）。一个天文单位等于地球与太阳之间的平均距离。冥王星到太阳之间相隔60亿千米，这两颗探测器已经飞出的距离比这段距离还要遥远。

如果以太阳风的影响范围为标准，那么可以说这两颗探测器已经飞出了太阳系。它们已经来到了日球层之外。日球层是太阳周围的巨大气泡，所有的行星均位于其中。但如果以太阳的引力范围为标准，那么这两颗探测器就还在太阳系之内，还要走很长的路才能真正离开。它们大约需要 300 年才能到达太阳系最遥远的区域"奥尔特云"，然后还需要再走上 3 万年才能穿过它。

随后，这两颗探测器将围绕银河系中心继续它们的旅程，经过几千年、几百万年甚至几十亿年，逐渐靠近其他的星球。它们的速度不快，时速仅为几千千米，但它们终将穿越银河系。然而，到那时，这两颗探测器将成为两块平平无奇的金属块，因为为它们提供能源的小型核电池将在几年后完全耗尽。此后，它们将永远地沉寂，在太空中飘浮。而且它们被外星文明发现的可能性很小很小。

鉴于以上情况，星际旅行仍然是不太可行的。无论其目的是殖民其他星球，还是为了研究其他恒星，都很难实现。几年前，科学家们推出了"突破摄星计划"（Breackthrough Starshot），发射速度达 20% 光速的飞行器，目的地是距离太阳系最近的恒星系统，即位于 4.3 光年外的半人马座阿尔法星。

如果"旅行者号"探测器也以这里为目的地，那么它们需要飞上万年。但"突破摄星计划"的飞行器只需要20 年，随后还需要 4 年给地球传送观测数据。当然，这段时间并不短，但对于人类来说，完全可能在一生的生命期限中开始并完成相关研究。那这项计划什么时候才能付诸行动呢？尚未可知。也许未来几十年内就会实现，科学家已经为其确立了必要的机制和要求，但实施的方法和具体期限仍没有定数。

如果物体速度达到部分光速，必须需要非同寻常的能量来支持。这些能量可以由飞船内部提供，但所需燃料数额之大，将会使飞船的发射变得非常昂贵，更不用说设计火箭和飞船的困难了。所以"突破摄星计划"从外部能量源着眼，在飞行器上安装巨大光帆，并通过高能激光为其加速至极快的速度。

这同样需要巨大的能量才能做到，比如 100 吉瓦的能量，相当于美国所有核电站发出的能量总和。激光将撞击飞行器上的光帆，并形成推力。光帆就是一块巨大的反射片，它必须能够反射所有的光，或基本上所有的光。若非如此，推力将变为热量，点燃光帆，使飞行器滞留在太空之中。

此外，这些飞行器非常小，质量不应超过 1 克。现在它们仍处于设计阶段，但科学家们已经提出了一些方案。这些小电子板上应该有能量源、相机、电脑、通信天线、光帆……总而言之，它应当能够满足多种用途。

目前为止，人类还不具备发射这类激光的能力，也不知道什么时候才能真正建造出这样的仪器，但可以肯定的是，随着科技的发展，总有一天我们可以做到。所以"突破摄星计划"仍然是可能实现的。它是否很复杂？当然。但是否不可能？当然不是。

不过，这类飞船均为微型飞行器，就算再想近距离研究其他星球，它们也不能作为载人航天使用。一般来说，飞船体积越大，所需能量就越多。"突破摄星计划"要想成为现实，还需要几十年。所以就目前来看，载人星际航行仍是一个不可能完成的任务。

若想实现"突破摄星计划"，有两个需要注意的地方。一方面，为了研究临近恒星，飞船要向其飞行数千年，所以它需要一个持续稳定的能量源。如果飞船飞到了目的地，却因能量耗尽而无法投入使用，那发射这样一艘飞船就是毫无意义的。另一方面，飞船应当时刻更新最新技术。因为人类的科技是不断发展的，如果飞船无法做到随时更新，那当它飞到目的地时，其配备的技术很有可能已经过时了。还有一个问题需要考虑，我们现在为飞船设立的目标，在经过几千年之后，是否仍然具有同样的重要性？似乎不太可能。

同理，对于一项可能持续数千年的载人航天任务来说，如果仅仅是为了科学探索，那它也是没有意义的。它应当以移民其他星球为目的，我们也将为此建造一艘"世代飞船"。人们将世世代代住在这艘飞船上，他们在这里出生，在这里生活，并在这里死去，直到有一天来到新的家园。

为此要做的第一件事就是找到一个宜居星球。但到目前为止还没有发现任何相关的迹象。第二件事就是要招募一些愿意投身于这项事业的人，要知道，他们将无法在自己的有生之年完成这项任务，他们的儿女、孙辈甚至曾孙辈也将在这艘飞船上过完自己的一生……这对他们的心理影响如何？难以评估。对于踏上这趟旅途的人来说，他们唯一能够了解的就是这艘飞船而已。设身处地地想一想，我们能说自己已为此做好准备了吗？

不过，我们更应该关注的是身体的各项机能。人体能够承受近光速飞行吗？目前，人类的载人航天最快飞行速度纪录是由"阿波罗10号"创下的，它从月球返回地球时的速度达到了39 897 km/h。其实，只要我们保持匀速直线运动，且速度低于光速，那么我们就可以以任意速度前进。此外，加速与减速都需平稳缓慢进行，因为我们无法承受突然的速度变化。所以只要我们小心谨慎一些，且配备充足且更加高能的能量源，近光速飞行是完全有可能的。

但对人类来说，以每小时数百万千米的速度移动仍然充满挑战。在如此高的速度下，太空中的任何物体，甚至一个氢原子都会具有子弹的威力。此时，一艘高速行驶的飞船将不断遭到辐射的轰炸。科学家父子威廉·埃德尔斯坦（William Edelstein）和亚瑟·埃德尔斯坦（Arthur Edelstein）曾于2012年发表了一项名为《速度杀手：高相对论性速度下的太空飞行可能对乘客和仪器造成致命性损害》的研究，探讨了近光速旅行可能带来的后果。

研究认为，当氢辐射撞击飞船时，将会对船体和宇航员造成伤害。当速度达到 95% 光速，人暴露在这种辐射之下即刻就会死亡。而且船体也会升温，任何一种物质都会燃烧殆尽，连人体内的水分都会蒸发。所以，乘坐飞船在 5 年之内达到比邻星的愿望将永远无法实现。

研究人员还提出，飞船速度最高不能超过 50% 光速，除非建造出某种磁场屏蔽装置，保护航天器免受辐射影响。这当然不是最理想的速度，但不失为一种尝试。此时，飞往 4.24 光年之外的比邻星将需要 8 年多，这段时间对于人类的一生来说是可以接受的。但它也极大地限制了我们的活动范围，让我们仅能在银河系中探索。比如说，要想飞往 39.5 光年外的 TRAPPIST-1 就需要 80年之久，这对于人类来说就有些太耗时了。当然，如果人们的寿命足够长，且星际旅行的最终目的是在一代人的时间里在其他星球建设新的定居点，那确实是一个值得尝试的选择。

但以上也仅仅是理论层面的探讨。人类确实有可

宇宙在召唤

能以 50% 光速飞行，也不会对人体造成太大伤害，但是……怎么才能获取达到相关速度所需的能量呢？它是否可行呢？经济上能承担得起吗？这些问题不断提醒我们，在这个世界上，没有什么是容易的。没有人为的努力，这些任务和项目不会凭空实现。

宇宙中其他可能存在的文明也面临相同的情况，因为他们同样遵循自然的定律。所以，外星人也不可能以 95% 光速在太空中游行。如果这个文明周边存在其他宜居星球（或他们拥有改变星球环境的相应技术），那他们可能会以更低的速度开展星际航行，最终移民至这颗星球。

但是……如果想要达到所谓更低的速度，仍需要大量能量，且对人类来说仍是遥不可及的该怎么办呢？此时，人类的行动范围就不得不缩小至所在的恒星系统中了。我们甚至需要问问自己，当恒星寿命可达数十亿年（比如太阳），甚至数万亿年（比如红矮星），移民周边其他星球是否还有意义？而且还需要考虑另外一个问题：人们无法以超光速传输任何消息。

假设人类在离太阳系最近的系外行星"比邻星 b"

（位于比邻星的宜居带内）上有一处移民点，且地球和比邻星 b 上的人们可以用光速不断传送和接收信息。此时，一条重要消息也需要在太空中走上数年才能到达目的地。对于发送信息的人来说，到那时，也许事情早就解决了。对于接收信息的人来说，由于无法及时回应，这条消息只能是一条消息而已。但尽管如此，双方仍在保持联络，因为说到底他们仍属于同一个文明。至少短时间看来是如此……

我们甚至无需关注太阳系之外的世界，在太阳系内部，就可能发生类似的情况。在遥远未来的某一刻，也许就在几个世纪以后，人类将实现自己的远大理想，那就是移民火星。借助我们现有的科技水平，可以想象到时会发生什么。

最早的火星居民将生活在恶劣的环境之中，因为火星并不具备适宜人类居住的条件。他们必须建立一个庇护所。或许会在地下，在熔岩管里，也或许在一座巨大的穹顶之内，为人类提供适宜的生活条件。在移民火星之初，移民者一定会经常与地球交流，那么光速沟通就会成为一个问题。当火星来到近地点时，二者间的沟通将需要 3 分钟。但当它来到远地点时，沟通时间则会延长至 22 分钟。

随着时间的推移，火星社会将逐渐建立起来。那里生活的仍是和我们一样的人类，但他们关注的问题却和我们截然不同。比如说，如果法国发生旱灾，这和火星上的人有关系吗？如果阿根廷政府换了一届又一届，这和火星上的居民又有什么关系呢？这些事情完全不会影响到他们的生活，他们有其他的担忧。也许要忙着躲避下一场沙尘暴，因为这可能造成连续好几个月的通信中断；也许要抓紧计划扩大移民的居住地，因为他们已经没有充足的空间了；也许是其他可能的麻烦事。

慢慢地，火星社会会更加关注自己的问题，会有属于他们自己的生活，也会有自己的现实情况。有一天我们会发现，地球社会与火星社会仍有共通之处，比如我们仍说着同样的语言，也有着相同的根，但彼此之间却越来越疏远了。对于地球居民来说，生存不再是关注的重点（就算现在有全球变暖的威胁，到时候肯定早就解决了）。但对于火星居民来说，生存一直是一个巨大的挑战，因为火星环境依旧恶劣。他们始终有维持生命系统运作的需求，如果发生任何一种突发情况，火星上的人就可能面临死亡的威胁。地球居民会庆祝春天的到来，但这对于火星居民来说却没有任何价值。他们的大气层仍然无法供人呼吸，居住地之外的气温仍会在每晚急剧下降。同理，火星上的季节变换对于地球居民来说同样也是毫无意义的。

久而久之，大家都会面临各自不同的现实，主要关注的都是自己世界的消息，慢慢形成不同的担忧……甚至也会有自己想要追求的愿望和目标。也许火星居民考虑的是如何彻底在火星上定居，并扩大他们的领地。而地球居民没有这些忧虑，他们更愿意探索移民太阳系其他星球的可能性。谷神星上可以设立定居点吗？为什么不呢。木卫四"卡利斯托"可以吗？没有什么可以阻止地球人的脚步。

数千年或更长时间之后的太阳系将与今天大不相同。到那时，各个居民点之间的沟通将显得十分缓慢且复杂，因为对于那时的人们来说，光速已经变得很慢很慢。这些居民点将各自独立，形成自己的文明。

换句话说，随着时间的推移，人类将变成文明中的文明。其中的每一个社会都会有各自关心的问题和想要实现的目标。而且讽刺的是，这种情况必将成为一种必然。因为如果我们想确保人类这一物种的存续，避免彗星撞击等情况可能造成的灭顶之灾，就必须去寻求地球之外的移民地。

但当我们踏足其他星球的时候（月球除外，因为它距离地球太近了，在那里定居和在地球上基本没有区别），就已经在为其他文明的诞生埋下种子。他们同根同源，都来自人类文明，但与此同时，他们又都会具有大大小小不同的差异。这种差异甚至还可能导致彼此之间的冲突。这就是传奇科幻小说及同名电视剧《苍穹浩瀚》（*The Expanse*）中描写的场景，作品中描绘的太阳系即包含了不同的殖民地。而当人们幻想未来，思考征服其他星球时，总是会忽略这一可能的场景。

此外，人类现有的科技尚且无法支持以超光速的形式传输任何信息。甚至连近些年十分流行的概念"量子纠缠"也做不到通过纠缠的粒子超光速发送信息。所以，如果人类文明真的得以扩张至几千光年之外，也无法成为一座星际帝国，因为他们无法拥有顺畅的沟通，不会追求相同的目标，也不是同一个大家庭的一员。银河系中其他可能存在的文明或许也面临相同的境地。如果他们也在其母星之外的其他星球有定居点，那他们很可能也是一座文明中的文明。

这些文明都来自同一个本源，促成了一个文明的大融合。他们彼此之间仍存在共通之处，但由于沟通的障碍和关注点的不同，也形成了许多差异。也许这就是星球移民后可能出现的最好情况了。如果进一步发展下去，文明之间甚至有可能失去沟通的能力。2020 年，研究人员安德鲁·麦肯齐（Andrew AmcKenzie）和杰弗里·庞斯克（Jeffrey Punske）发布了一项研究，名为《星际航行中的语言发展》，他们在研究中论述了太空航行期间语言变化的可能情况。

假设有一艘世代飞船，以比邻星附近的人类殖民点为飞行目的地。在飞行的过程中，语言会逐渐产生变化。由于两位研究人员的母语为英语，所以他们以英语为例阐述了他们的观点。但同样的情况也会发生在任何一门人类语言中。比如说，如果我们想和塞万提斯交流，情况会比想象中更复杂，因为我们现在所讲的西班牙语已经和 400 年前塞万提斯使用的西班牙语大不相同了。

和地球之外的居民一样，这艘世代飞船上的人也会有自己的关切。他们会用自己造出的全新词汇来形容只有他们才了解的情况。在这艘飞船上，一个崭新的社会诞生了。飞船的四壁为这些人带来了全然不同的生活体验，也会促使他们形成独一无二的世界观。而地球上的居民如果不与他们保持联络，将永远无法发觉这些人说话方式的改变。

不仅如此，随着飞船向着目的地越飞越远，船上人与母星沟通的需求也会逐渐弱化（除非他们还需时不时汇报飞船的所经之路）。而地球上的语言也会随着时间的推移而逐渐演化。一些新词会出现，一些旧词会消失。两位研究人员还提到，飞船所去往的人类殖民点可能也会有自己的语言。因为地球上的语言会持续演变，人类殖民点的语言同样也会遵循自己的演化规律。针对这种情况，如果世代飞船上的人不采取任何措施的话，他们将面临被孤立的境地，直到他们学会殖民点的新语言。

如果有语言学家的帮助，沟通就会变得容易许多。我们需要的是一个能够记录下相关语言变化的人，或者一个在信息传输速度允许的条件下能够帮助双方顺畅沟通的人。这样的话，就算两地的语言均有各自的演变规律，也不会造成太多交流的困难。

所以，科幻作品中的设定有时总是简单浅显的。比如说，故事的主角总能顺利地降落在其他星球，就算那里的重力与其母星差异很大。而重力变化会对人体造成何种影响，这些科幻作品却很少提及。不仅如此，在这些故事里，不光是同一文明的不同社会，甚至连完全不同文明中的人都碰巧会讲同一门语言。这些都会让我们发现，实际上，人类向其他星球移民可能并不会像想象中那样浪漫。

但不论如何，为了能够更好地了解我们所处的世界，我们早已踏上了探索之路。近几十年来，科学家开展了多项外星生命探寻任务，但均未得到明确的结果，否则的话，我就会换种基调来写这本书了。不过这些任务都播下了通向未来的种子……

第十一章
黑暗中的光

当谈及外星文明的样子时，我们基本上只能停留于假设。因为我们甚至还不够了解自己，又如何能够确定外星人是怎么沟通的，又有怎样的行为方式呢。也许所有的文明都注定消亡，只是我们对此还未做好准备。也许外星文明与人类文明毫无共通之处，我们基于自身经验得出的所有结论对他们来说都是不适用的。

但能够确定的是，他们也一定和我们一样，可以通过某种方式进行沟通交流。对复杂生物来说，这是一种很常见的能力。此外，他们应该也能够发现和利用电磁光谱，比如无线电。但他们不可能仅通过一个信号来交流，所以我们需要建设一座接收器，指向正确的方向，这样才有可能捕捉到那些外星智慧文明发出的讯息。

数十年来，科学家发起了许多不同项目，观测太空的大片区域，尝试接收外星文明的信号。其中规模最大的一项名为"突破聆听计划"（Breakthrough Listen）。它与此前提到的"突破摄星计划"（Breakthrough Starshot）同为"突破计划"（Breakthrough Initiative）的一部分，拥有不同的目标。

"突破聆听计划"于 2015 年 7 月 20 日启动，预算 1 亿美元，目的是借助"绿岸"（Green Bank）射电望远镜，"帕克斯"（Parkes）射电望远镜，以及"自动化行星搜寻者"（Automated Planet Finder）望远镜的可见光波段数据，寻找可能的外星智慧文明信号。如果一切按计划推进，观测将持续到 2026 年，分析距离太阳最近的 100 万颗恒星周围的生命迹象。"计划"会定期更新数据，并全部向大众公开。

"突破聆听计划"所收集和分析的数据比有史以来的其他任何计划都要多，它关注的天空区域面积非常广泛，数据处理速度之快也是史无前例的。到目前为止，"计划"已经收集到大量数据，但没有任何迹象表明我们所处的宇宙空间中还存在其他文明。不过这些数据还另有大用途。2020 年夏天，研究人员发布了一份"异常目录"（Exotica）。与此前发布的所有清单都不同，这份清单中列举了一些异常和特殊的天体，而且从理论上讲，这些地方几乎是不可能出现任何生命迹象的。

在这份目录中，研究人员收录了 700 余种天体，从彗星到星系，从最常见的现象到最极端的情况。他们这样做的理由很简单：在寻找外星生命时，我们是否太过于关注和地球相似的天体了？我们应当将那些不同的情况也囊括进来。

因此，这份目录包含了四个类别：原型组、极端组、异常组和对照组。原型组列举了所有天体类型，每个类型中又至少列举了可能出现外星生命的天体，比如各年龄段恒星周围的行星及其卫星，还有星团和星系。极端组中包含的是出现极端现象的天体，如最快的脉冲星、最热的系外行星、最致密的星系……异常组即那些因不明原因出现异常现象的天体，如"奥陌陌"，它是太阳系中首个被发现的星际天体，且不完全符合彗星的特征；还有"塔比星"，这颗恒星有奇异的光度变化；以及红外辐射异常强烈的恒星，可能说明其周围存在"戴森球"。对照组则涵盖所有不适宜生命出现的天体。

目录的主要目的是帮助人们更好地了解什么样的环境有可能孕育文明，也能帮助人们明白为什么到目前为止都尚未发现任何文明痕迹。这份目录将更广泛的可能性摆在大家面前，有助于我们分析各类恒星周围宜居带的情况，甚至可能证明某种看似自然发生的现象实际上并非自然形成的。

或者情况也可能完全相反，就像此前谈到的第一颗脉冲星，它的规律信号实际上是由宇宙中最极端的天体发出的。也可以说，这份"异常目录"也能展现近些年天文学界的发展变化。以"突破聆听"为代表的一系列项目均收集了大量不同研究领域的信息，所以除了被用来寻找外星生命之外，它还可以助力许多其他的研究，内容可以涉及中子星或其他遥远星系等。

2013 年发射升空的"盖亚探测器"致力于绘制一张超大的银河系三维地图，拓展我们对天体物理学的认识。它将涵盖超 10 亿个天体的观测数据，其中大部分为恒星，但也有彗星、行星、小行星和类星体。它将发现数千个与木星大小相当的系外行星，太阳系中数以万计的小行星和彗星，遥远宇宙中数十万个类星体……"盖亚探测器"的设计目的并非为探寻外星生命，但它所涉及的内容非常广泛和全面，完全可以被用于天文学各个领域的研究。

例如，研究人员 B. 沃达尔奇克－斯罗卡（B. Wlodarczyk-Sroka）、M. 加勒特（M. Garrett）和 A. 西米昂（A. Siemion）曾于 2020 年 9 月发表一项研究，名为《将"突破聆听计划"对周边恒星调查拓展至其他天体》，他们创新性地使用了"突破聆听计划"收集到的数据，将两个看起来毫不相关的领域融合在了一起。研究从"计划"对银河系某特定方向观测到的 1327 个恒星系统数据出发，结合"盖亚探测器"的数据内容，重新调研这片星空的情况。"突破聆听计划"的目的是寻找据太阳系 160 光年之外的恒星上发出的无线电信号。理论上讲，在对同一个方向的天空进行观测时，可以找到更多恒星，"计划"的望远镜也可以捕捉到来自更遥远恒星的更加强烈的信号。

所以，研究人员借助了"盖亚探测器"的数据，将观测范围扩大至 33 000 光年，针对同一片星空中的其他 288 315 颗恒星展开调查。发现在距太阳 330 光年的距离上，每 1600 颗恒星中只有 1 颗可能包含宜居行星，且可能发出与人类信号强度相似的信号。当然，这个结论也只是一种假设，有其独特之处，但这不是关注的重点。

重点是，这份研究表明了我们其实无需展开额外的观测活动。几位学者用"盖亚探测器"的现有数据，极大拓宽了"突破聆听计划"的初始数据，调查外星智慧生命留下的踪迹。未来，我们一定会看到更多类似的研究，利用某台望远镜收集到的信息，分析其他领域中的问题。也许这些信息本来另有用途，但它们可以广泛适用于多种情境。毕竟它们的用处远不只用来寻找外星生命。

比如"SETI@Home计划"，在这项活动的支持下，全球各地的志愿者都可以用自己的电脑参与分析可能与外星文明有关的无线电信号。这就是一种创新。不过早在19世纪末，就有人提出可以借助无线电信号发现外星生命迹象。尼古拉·特斯拉就是一个例子，他于1896年提出他的传输系统可以用来联系火星上的生物。20世纪初，古列尔莫·马可尼也曾提出无线电信号有同样的功能。

但直到1960年，科学家才进行了首次寻找外星生命的实验。实验由弗兰克·德雷克（Frank Drake）主导，他也曾提出计算银河系文明数量的公式，即用他本人名字命名的"德雷克公式"。这一年，德雷克推出了"奥兹玛计划"，旨在用无线电波寻找生命迹象。计划的名字来源于《奥兹国历险记》中的公主奥兹玛。当时的媒体也对其进行了报道。计划曾捕捉到一条信号，但最终发现是误导信息。

"奥兹玛计划"由口径为 26 米的射电望远镜执行，主要关注类日恒星"鲸鱼座 τ 星"（"天仓五"）和"波江座 ε 星"（"天苑四"），寻找出现在 1420 MHz 频率上的无线电信号。"鲸鱼座 τ 星"位于 12 光年之外，质量约为太阳的 78%，寿命为 58 亿年，比太阳大 15 亿年。"波江座 ε 星"则位于 10.5 光年之外，质量约为太阳质量的 82%，寿命在 2 亿年到 8 亿年间，仍是一个非常年轻的恒星。

科学家认为，这两颗恒星周围很有可能存在宜居行星。而就目前的数据来看，"鲸鱼座 τ 星"与太阳系的年纪更相仿，有更大的可能性。但不管怎样，当时科学家在 4 个月内，对这两颗恒星开展了约 150 小时的观测，没有发现任何生命信号。1960 年 4 月 8 日，研究人员曾发现一个错误信号，它其实是由附近的飞机发出的。

当时分析的频率为 21 厘米线所在频率，也就是"氢线"所对应的频率（我们在前面讲到"Wow! 信号"时曾对此有过说明）。理由很简单，这是氢原子状态变化时自然出现的现象，所以其他文明应当也会了解这一概念。而且氢是宇宙中最丰富的元素，可以被用作信息传递的渠道。自 60 年代起，为了方便科学家探测外星信号，"氢线"所在频率就不能在地球上使用了。

十年后，1972 年到 1976 年间，又推出了"奥兹玛二期计划"。这次的项目主持者是另外两位科学家——帕特里克·帕尔马（Patrick Palmer）和本杰明·祖克曼（Benjamin Zuckerman）。他们利用口径达 91 米的射电望远镜观测，且观测持续了更久的时间。然而，最终结果仍是不尽如人意的。

到目前为止，没有任何迹象表明太阳系中还存在其他文明。"突破聆听项目"的数据是最丰富和有趣的，但仍然不能为我们提供任何外星文明的证据。但这并不能阻止我们思考，如果真的存在外星生命，该如何向世界宣布这个消息。

这是一个发人深思的问题。许多人会陷入阴谋论的陷阱，认为政府倾向于隐瞒外星人的存在。但在被这些说法说服之前，请注意，这完全不可能发生。射电望远镜观测星空的任务不是由政府负责的。而且，不是所有的国家都会同意隐瞒外星人的真相，毕竟从政治角度来看，不同国家之间都可能存在许多分歧。

所以，总会有一国政府选择公布相关消息。前提是发现外星人迹象的科研人员不会提前公开这条信息。2016 年，邓肯·福根（Duncan Forgan）和亚历山大·索尔茨（Alexander Scholz）发表了一项研究，名为《# 找到他们——针对社交网络和数字媒体的 21 世纪搜寻地外文明计划搜索前和探测后协议》，即考虑到了我们所处的现实情况。

人类正处在一个高速发展的时代，每个人都被社交网络包围着。在这样的时代，该如何向民众宣布发现外星文明的消息呢？如果发现类似"戴森球"的结构，该怎么办呢？实际上，通知民众的方法是次要的。一旦有相关迹象出现，最主要的问题是：研究人员应该做些什么？

1989 年，针对如何确认发现宇宙生命迹象真实性的问题，曾有人提出了一系列行动准则。首先要确认数据，随后通知国家高层领导，然后通知科学界专家，最后以新闻形式广泛传播。这在 20 世纪末是完全适用的。但现在，网络改变了一切。报纸和电视已经不是我们主要的信息来源，取而代之的是社交网络和数字出版物。它们的传播速度如此快……同时又会存在那么多的不实信息。

在这种情况下，许多科技项目管理者都设立了自己的网站，为大众介绍其工作情况。在这里，他们可以清楚明确地解释项目的目标和发展情况，同时可以帮助大家区分虚假和真实信息，防止记者或民众对观测结果产生误解。如果发现了可能的外星人迹象，就算没有被完全证实，也应当公布于众，因为没有什么好隐瞒的。

在当今这个世界，信息泄露是一件常事，它发生得很快，且影响力很大。没人喜欢听到发现外星文明的假消息，所以最好的办法还是第一时间将数据公开。

这样，就算无法确切说明是否真的发现了外星文明，或无法确定这些数据是人为造成的还是自然现象，也不会引发阴谋论的攻击。同时，其他科学家也能够就寻找相关信号贡献自己的力量。

但现在，科学家并未提出什么惊天动地的发现。如果真的发现地球以外的生命，这将会成为人类历史上最重大的一条新闻。它会在我们现在都无法想象的方面，深深改变我们的生活。尤其是对那些负责观测项目的科学家来说，他们的人生将会发生彻底的变化。

或许就像邓肯·福根和亚历山大·索尔茨在他们的研究中所说的，这些科学家将把自己的余生都献给这项发现。因为他们将带领整个社会接受一个全新的身份，让我们明白人类不是宇宙中唯一的文明，也许只是无数智慧文明的一个组成部分而已。

当然，在消息公布后的几个星期，媒体会蜂拥而至。这两位作者研究的有趣之处还在于，他们关注到了相关消息对社交媒体的影响。在这些平台上，一切都会被放大，就算在真正重要的消息面前，梗和流言都会不停传播。

消息一旦传开，整个社会都会去思考自己的身份问题，但同样值得思考的是这条消息将如何影响整个世界。比如在天体生物学领域，学者们一定会针对大量问题展开讨论和研究，从外星人的样貌，到所居住星球的环境，再到他们的社会，他们的发展历史，等等。或许科学家们还想建造速度更快的飞船来进行星际旅行。"突破摄星计划"的飞行器速度能达到 20% 的光速，他们也许会想将这个百分比提到更高，就算最后只能借助微型飞行器，也想实际到访外星文明所在的那个星系。当然，前提是外星人的位置离太阳系不算太远。

而就我们所处的社会来说，针对所发现的生命类型的不同，民众也会有不同的反应。如果科学家发现的是外星微生物，那很多人对此可能并不太感兴趣。但从科学的角度来讲，这已经是一种革命性的发现。因为不管外星生命高级与否，它都代表着人类在宇宙中不是孤独的，也将颠覆我们对地球生命的出现以及其他事物的理解。

而如果发现了外星复杂生命，但并非智慧生物，则可能会引发更大的关注。有人会好奇，他们所处的星球是什么样子，那些居住在星球表面及海洋中的生物是否与地球的动植物相似。对于部分人来说，这已经足够有趣。但当发现另一个文明的时候，才真正具有革命性的意义。

整个人类社会似乎都在期待着这样一条消息。如果有一天真的在银河系某颗恒星周围探寻到了外星智慧生命，最可能出现的一个问题就是，世界上各种宗教组织机构对此将作何反应。具体情况很难说，但可以大概猜到他们的回应方式。这是因为，近年来各类宗教为了加强与年轻一代的联系，均采取了一些现代化的改进措施。

也许与某些人所想的情况相反，发现外星智慧文明并不会彻底打击人类的宗教信仰。宗教会适应这个全新的发现，并将其融入各自的教义当中。也就是说，所谓的神明并非只创造了地球的人，也创造了不同世界的智慧生物。这的确是一个巨大的变化，但只有如此，宗教才能在新的环境中继续发展下去。

而对于我们这些普通人来说，在发现外星人之初的几天、几个星期甚至几个月里，这都会是一个大新闻。但由于和银河系其他星球沟通的速度很慢，难度很大，当我们逐渐接受了宇宙中还存在其他文明的事实，它很快就会退居次位。一段时间里，人们仍然期盼能够更深入地了解这座外星文明，但这个新鲜劲很快就会过去。

假设外星人居住在 500 光年之外的行星，人类向其发送信息后，至少要等 1000 年才能收到回答。这在天文学中不过弹指一挥间，但却极大超出了人类有限的生命，而且还需保证在这段时间内，我们和对方都没有走向灭绝。因此，由于沟通不便，社会大众的关注点将很快回到我们的日常生活当中，不再关心那些外星生物身上发生的事情。

但在科学领域，发现外星人将产生更加深远的影响。一旦找到一个文明，科学家们就会承担更多寻找银河系其他智慧生灵的任务。并且在未来的几年中，许多人都将致力于挖掘更多有关这个文明的信息，深入了解它所处的环境，以及各种相关的内容。在此基础上，又将出现一个全新的天文学分支，加深人们对宇宙的了解，以及对整个银河系中生命的认知。

当在地球之外真的找到了生命，以上的情景都将会变成现实。总有一天，人类将探测完银河系中的绝大部分区域，在其中的某一个地方，也许就会发现生命的迹象。而现在最大的问题就是，不知道这种情况什么时候才会发生。新的技术总能为我们带来新的可能。目前为止还没有专门寻找外星生命的天文台，但未来几年，将会有一批望远镜投入使用，助力我们观测潜在的生命迹象。

那些用来观测宇宙深空，研究银河系以及地球近邻的工具，也可以用作寻找外星生命。那些即将投入使用的望远镜会为我们带来想要的答案吗？部分研究人员持乐观态度，他们认为在未来的几十年中，就可以探测到外星人存在的迹象。但也有人对此持保留意见。

但不可否认的是，想要发现地外文明，就必须使用更强大、更灵敏的工具。在观测太阳系周围的其他恒星，推断其周围是否存在宜居行星时，这些工具同样将帮助我们解决天文学中最重大的一些问题：宇宙诞生之初的情况如何？最早的恒星是什么样子？宇宙以多快的速度扩张？

不论如何，我们终究只有一个目的，那就是在科技进步的同时，拓宽人们对宇宙的了解。在回答那些自人类诞生伊始就不断询问自己的复杂问题时，能够看得更深，看得更细，看得更远……

第十二章
未来之眼

在接下来的几年内，将会有很多天文望远镜投入使用。由于其先进的性能，部分望远镜将会极大地帮助科学家们探查外星生命迹象，当然，除此之外它们还承担了许多其他科学任务。在本章节中，我将为大家介绍一部分最精良的望远镜。我不会对它们进行详尽的介绍，因为这样的话得用一整本书才说得完，我将与大家分享部分能够帮助我们寻找地外生命的望远镜情况。

首先，最值得一提的就是"FAST"射电望远镜，它于 2016 年投入试用，于 2020 年 1 月正式开放运行。其口径达 500 米，位于中国西南地区贵州的一片山区天然洼地中，具备极好的天文观测条件。其中文名为"天眼"，官方名为"Five-hundred meter Aperture Special Telescope"，即"500 米口径球面射电望远镜"。

虽名为"500 米口径球面射电望远镜"，但实际上它的有效口径为 300 米左右，可以主动控制望远镜随时变形，在观测方向形成瞬时抛物面。"FAST"射电望远镜的主要目标并非寻找外星生命，而是主要致力于脉冲星研究，中性氢（即周围带电子的氢原子）分布，以及星际分子探测，并在必要时捕捉星际通信信号。"FAST"射电望远镜也加入了"甚长基线干涉测量网"。

名字听起来很复杂，但甚长基线干涉测量其实是一种非常实用的技术。它利用全世界各地的射电望远镜，模拟一个大小相当于望远镜之间最大间隔距离的巨型望远镜的观测效果。也就是说，通过这项技术，我们可以拥有一台和地球一样大的望远镜，无需将其实际建造出来（目前人们也没能将其建造出来）。

基于以上目标，它主要承担了两项将持续五年的大型科研项目。观测部分结束后，研究人员还将耗时十年来分析收集到的数据。所以，自"FAST"落地运行之时，它便一直忙碌于各项观测工作，但它仍然可以利用空闲时间来分析一些特殊的天体现象。比如某个具有磁场屏蔽的系外行星，借助于磁场的保护，即可免受其宿主恒星的辐射侵扰。目前还不好说这座射电望远镜到底有多强的影响力，也不好说它能取得多大的成就，但它仍然是阿雷西博射电望远镜的"继承者"。

自2020年正式开放运行起，"FAST"已经发现了百余颗脉冲星。由于其功能十分强大，可以用高于普通望远镜五十余倍的精度来分析这些星体。

这座射电望远镜的天空巡视范围是其他望远镜的四倍，在找寻恒星和发现宇宙现象方面具备更强大的能力。这种能力同样也适用于寻找外星生命。2020年初，中国科学院的研究团队发表名为《利用500米口径球面射电望远镜寻找地外智慧生命的可能性分析》的研究，详细说明了"FAST"射电望远镜在相关问题上的表现。

其体积庞大，是世界上最强大的L波段接收机。L波段即中性氢谱线所在频率。鉴于此，"突破聆听项目"已决定与"FAST"和其他望远镜一起合作巡天，因为"FAST"是当今世界上最强大的望远镜之一，能够明确排除地面无线电产生的干扰。得益于其硬件和软件的支持，它能够同时执行不同的任务，帮助研究人员在更大范围内搜集脉冲星和氢原子的数据。

"FAST"的这些特性均十分有利于寻找外星生命，所以在不影响其他巡天任务的前提下，它可以投入更多时间开展相关任务。主要研究其他望远镜已观测到的系外行星，捕捉潜在的生物信号。换句话说，它可以帮助探测此前被人们忽略的外星文明活动踪迹。

在观测仙女星系时，"FAST"可以捕获那些比人类现有技术更高级的技术痕迹。也就是说，如果存在二级文明及以上级别的文明，就算它们远在250万光年之外，也能被我们发现。

通过这个例子可以看到，在不影响其他天文领域工作的前提下，可以充分利用射电望远镜的强大功能，助力外星生命的寻找。

此外，射电望远镜还能捕捉那些隐藏在星系深处的文明信号。但在此之前，首先要确定哪些目标值得我们关注，然后再将望远镜对准那片星空。因为如果只是没有目的地随机巡视，很难获得有价值的收获。我们应当主要关注那些可能存在宜居系外行星的区域。如果那些星球具备生命诞生的基本条件，其中的一些很可能已经进化出了智慧生物，并向星系的其他地方传送信号。

有科学家提出，"FAST"射电望远镜应当可以从"TESS"卫星发现的系外行星中搜寻与人类文明发展程度相当的外星技术迹象。"TESS"望远镜于 2018 年 4 月 18 日发射升空，观测范围比其前任开普勒望远镜大 400 多倍，能够通过凌日法寻找系外行星。它的主要目标为研究太阳周围最明亮的 200 000 颗恒星，寻找 20 000 颗系外行星。其第一阶段任务于 2018 年开始，2020 年 5 月结束。现在它正处于第二阶段任务的过程中，将继续观测恒星，找寻周围的系外行星。

"TESS"的主要观测对象为 G 型恒星（类似于太阳的黄矮星），K 型恒星（橙矮星）和 M 型恒星（红矮星）。由于它们的寿命更长，所以这几个等级恒星周围的行星上都有可能出现生命。在其观测到的 20 000 颗系外行星中，可能有 500～1000 颗与地球大小相当或体积更大。其中又会有 20 颗左右位于恒星的宜居带内。

"TESS"卫星的最大创新之处在于，它所能够观测到的行星大致位于 30～300 光年之外。与开普勒望远镜相比，虽然后者发现了数千颗系外行星，但大多距离十分遥远，无法仔细观测和分析它们的大气层。"TESS"不具备分析大气的相关能力，但它可以确定行星的质量、大小、密度和轨道。这能帮助我们找到更多小型的岩石行星，并在后期的研究中进一步确定其大气的组成情况。

这些研究无疑将受到极大的关注。也许一些岩石行星就位于某颗红矮星的宜居带内，另一些则位于某颗类日恒星的宜居带内，但针对它们是否拥有大气的问题，尚且不能得出定论。大气对于生命的出现来说是至关重要的，而且并不是任何一种大气都能促成生命的诞生，它的组成成分需要与地球大气类似。

此前我已经在书中多次提到詹姆斯·韦伯空间望远镜，的确，它是世界上最具划时代意义的望远镜之一。它被称作哈勃空间望远镜的继承者，能够尝试解答那些宇宙中最大的未解之谜。它能帮助我们研究微波背景辐射，即广泛分布于宇宙中的一种微波范围内的光，历史可追溯至宇宙诞生后 378 000 年。它还能够帮助我们研究星系的形成、恒星的诞生及其周围的原行星盘，以及从中生成的行星。可以说，这台望远镜与寻找地外生命的关系更加密切，因为它能够支持我们探寻生命的起源。

仅因如此，就应给予它充分的关注。因为如果能够找到地球生命起源的答案，也就能够了解宇宙中到底有多少生命。该空间望远镜还将进一步分析"TESS"卫星和开普勒望远镜发现的系外行星，确定它们的大气组成。每一个研究领域都将有助于我们理解人类在宇宙历史长河中的位置。

詹姆斯·韦伯望远镜还会研究星云，尤其是那些作为恒星形成区的星云。它能够观测宇宙的红外光谱，因此能够深入观察这些主要由气体组成的区域，看到恒星的形成过程。如果只局限于可见光波段的观测的话，则需要等待很久，直到恒星形成后，周围气体耗尽，才能直接看到它们。

借助这台空间望远镜，还可以研究系外行星的大气，以及大气形成的条件，并通过以上研究更清晰地看到系外行星从形成到当前状态的过程。对于类地行星来说，可以与地球的诞生与演化对比，找到它们之间的相似和不同之处。并由此看出地球到底是独一无二的，还是只是众多宜居星球中的一个而已。

詹姆斯·韦伯空间望远镜的升空运行已经推迟了多年，这是它最大的遗憾之处。它的造价约为 85 亿欧元，建造花费之高，曾多次影响美国航空航天局（NASA）的投入预算。早在 20 世纪 90 年代，NASA 曾削减经费，通过缩小电子设备的体积，提高设备的性能，来制造更快、更好、更便宜的仪器。所谓"下一代空间望远镜"（Next Generation Space Telescope）的概念由此诞生了，自 2000 年以来，科学家们花费了数年时间来研制和开发这台望远镜。

最初，科学家计划该空间望远镜的轨道在地球上空 150 万千米处。2002 年，它更名为如今的"詹姆斯·韦伯空间望远镜"。2005 年，其造价预估为 45 亿欧元，但到了 2010 年，这个数字已经大大提高。对此 NASA 解释道，建造开销上涨和运行时间推迟的原因是项目预算不足且管理欠佳，并非出现了技术问题。也就是说，最早的预算实在是太低了。

当时，甚至还有人认为美国政府会因为预算不断增加而取消这个项目，但最终它还是平稳运行了下去。延迟多年以后，2019 年，NASA 终于计划发射这台望远镜，但又再次遭到了推迟。当我写下这些文字的时候，詹姆斯·韦伯空间望远镜的预计升空时间已经推后至 2021 年

10 月 31 日，也就是万圣节的那一天。[1] 到那时，它将背负着众多期望，因为人们等这一天已经等了太久了。同样对于世界各地的研究者来说，他们终于可以利用望远镜的观测数据来推进自己的研究了。

这台空间望远镜能够检测系外行星的大气成分，这对于搜寻外星生命来说至关重要。"TESS"卫星能够不断拓展人类对银河系的认识，而詹姆斯·韦伯空间望远镜则能更加确切地回答，那些已知的岩石行星与地球到底有多相似。目前为止，我们对二者的相似性仅有非常笼统的认知，还需要了解更多方面，如大气的组成或磁场的情况，才能就系外岩石行星上是否可能存在生命这一问题给出明确的答案。

詹姆斯·韦伯空间望远镜并非唯一一个能分析系外行星大气成分的仪器，还有一些望远镜也有同样的功能，目前正在全力建造中。比如"极大望远镜"（Extremely Large Telescope）。在这里，我们可以多聊一聊这些望远镜的名字，有"甚大望远镜"（Very Large Telescope），"极

1　它实际于 2021 年 12 月发射升空，2022 年 7 月正式投入运行。——译者注

大望远镜"……甚至还有更响亮的"绝大（夜枭）望远镜"（Overwhelmingly Large Telescope），以及"终极大望远镜"（Ultimately Large Telescope）。不过，"绝大（夜枭）望远镜"虽设计得比"极大望远镜"更大，但它的建设没能推进下去。而"终极大望远镜"虽体积最大，但目前仍停留在假想阶段，如果真的能建造出来，将选址在月球的背面。可以看出，天文学是一个迷人的领域，但在起名方面确实还有进步之处。

无论如何，欧洲南方天文台的科学家们正在智利的阿塔卡玛沙漠中建造"极大望远镜"（又称"ELT"，即Extremely Large Telescope 的首字母缩写）。建成后，它将成为世界最大的天文望远镜。但至少要等到 2025 年才能看到它投入使用，到那时，望远镜才会"睁开眼睛"看到它的第一束光。未来几年，还会有几台大型望远镜开启运行，如以暗物质的发现者薇拉·C. 鲁宾（Vera C. Rubin）命名的"薇拉·C. 鲁宾望远镜"，"大麦哲伦望远镜"，以及"30 米望远镜"。

"ELT"口径为 39 米，主镜由 798 个六边形小镜片组成。由于均配备感应器，所以每一片镜片都能够相对周围的镜片来调整位置，以保证最高质量的观测效果。主镜旁边还配有四块辅助镜，能够拍摄更清晰的图像。此外它还可以安装不同的仪器来进行观测。

因其先进的性能，这台望远镜将非常有利于观测系外行星。其镜片大，能够以更大的角分辨率捕捉到更遥远天体的微弱光芒，进而能够帮助我们区分开那些距离很近的天体，尤其可以辅助区分那些离恒星很近的系外行星。同詹姆斯·韦伯空间望远镜一样，它也可以分析部分行星的大气，让我们了解到这些星球的环境如何，推测其上是否存在液态水。

"ELT"的数据同样可以应用在天文学的其他领域，比如行星系统的产生和演变。针对仍在形成过程中的恒星，它可以检测其周围原行星盘中的有机分子和水，帮助我们更好地了解我们自己所处的环境。它的另一个主要目标是研究已知宇宙中最遥远的天体。

这台望远镜的设计初衷即为了观测宇宙最早的恒星、星系，以及黑洞，为研究宇宙早期的发展提供更多信息。甚至还能辅助测量宇宙扩张的速度。这个速度应当是一直保持不变的，但科学家发现，现在宇宙扩张的速度比过去更快。这是现代天文学中最大的悖论之一，同样也展现出诸多尚没有定论的可能性。目前，我们还没有能力回答这个问题，但近些年即将投入运营的天文望远镜将大大助力相关研究，针对宇宙是否一直以来都以同样的速度扩张的问题，给出强有力的解释。

当然，以上只是未来（或当前）科技进步的一些例子而已。随着时间的推移，我们也将拥有越来越强大的科技，能望到越来越远的星空。而这也不过就是人类科技迈出的一步而已。近年来，还有科学家提出，人类可以利用太阳作为一台巨型天文望远镜，它的性能将比现有的任何一台望远镜都强大。

对此，2017年，一组科研团队发表名为《飞至太阳引力透镜焦点的任务：类地系外行星成像的天然优势》的研究，探讨我们此前在本书中提到的引力透镜技术，并利用太阳作为巨型放大器。从理论上讲，操作其实非常简单，只需将观测仪器放在宇宙中合适的位置就可以了。

所谓合适位置就是来自遥远恒星的光被太阳引力偏转后聚焦的焦点。在这里，我们将可以拍摄到非常壮观的影像。如果利用太阳作为引力透镜来建设天文望远镜，将能够分别观测恒星和其周围的行星。

由于望远镜的放大能力极强，就算观测 100 光年之外的行星，也可以得到 1000×1000 像素的图像。每个像素代表距离地球表面的实际距离，在这里，1 个像素约代表 10 千米。其分辨率比哈勃空间望远镜观测火星时的分辨率更高。所以可以利用它观测系外行星的更多细节，如位于地表的大陆或海洋。

鉴于它强大的观测能力，研究系外行星的大气组成成分就显得非常简单了。在此基础上，我们还可以直接观察那些大部分区域被植被覆盖的星球中是否存在生命迹象，进而为我们带来无限可能。

这样一台功能强大的太空望远镜不仅能够细致观察那些潜在的宜居星球，也能更加深入地研究那些不同类型的系外行星，而现阶段，在我们看来，这些行星不过就是围绕在恒星周围的小小光点。

那它是否有缺陷呢？当然，光被太阳引力偏转后聚焦的焦点位置很远，非常远，距地球 550AU（天文单位），也就是日地距离的 550 倍，已经到了太阳系的边缘。"旅行者一号"探测器经历了 40 余年的飞行，才刚刚达到 150AU 的位置，"旅行者二号"则才到 125AU 的地点。所以在建造这样一台望远镜之前，我们还需要一架飞行速度更快的飞船。

此外，还要考虑一些问题，比如系外行星的观测时间需要多久？每次观测需要间隔多长时间，才能得到更多测量数据，看到前后发生的变化？一些科研人员提出，这台望远镜将主要助力恒星宜居带中岩石行星的研究，对于观测其他类型的行星来说，用我们现有的技术就足够了，尽管相比之下它们可能并没有那么突出。

再者，望远镜的整个系统，即望远镜、太阳和被观测天体必须连成一线才能开展观测，而可以确定的是，当望远镜真正建成时，数量一定很少，且位置分散。我们没有速度足够快的飞船，不能将望远镜在相应的时间内安置到合适的地点，也没有足够多的观测机会。所以这个项目要想真正落地，无疑是天方夜谭。

但这仍然不失为一种尝试，看看我们未来的科技能把我们带到什么地方。还有人提出可以在月球背面安装天文望远镜，研究在首批星系形成之前，宇宙初期的情况。那时候，最早的恒星都还没开始闪烁，甚至都超出了詹姆斯·韦伯空间望远镜的观测能力，而它的主要研究内容就是大爆炸至今宇宙演变情况。但不管这些望远镜的研究领域为何，它们的目标都是一致的，即拓宽人类对宇宙的认识。在其他地方是否还存在生命这一问题固然重要，但更重要的是宇宙初期到底是什么样子，又是如何演化至今，成为如今的模样。

科学每取得一些进步，我们手中的拼图就更完整。而现在还有很多空需要填，还有很多洞需要补。我们也将在这个过程中更加深刻地了解宇宙，比如宇宙是什么时候具备了适宜生命发展的相关条件。甚至随着观测任务的推进，还能看到在比书中提到的时间更早的时候，又发生了哪些事情，或者发现一些现象其实出现得更晚，比认知中的情况更迟。而所有这一切，若想找到它们的答案，只有通过更多的观测。

但有一件事是不容置疑的：我们就在这里，我们是宇宙历史产生的结果。如果没有大爆炸，没有那些最早的恒星，和它们锻造出的元素，以及宇宙数十亿年的发展和演化，太阳系不会是今天这个样子，地球也不可能有条件孕育生命。

可是人类认知的边界在哪里呢？会存在边界吗？这些问题发人深思。当探讨银河系中是否还有其他生命时，我们经常会以这些问题为借口，来解释一些常见的疑问。因为……都说外星人帮助古埃及人建造了金字塔，谁没听过这样的说法呢？

第十三章
文明的边界

　　人类历史上，阴谋论一直存在。社会上有些人总想去证明某些事情其实没有发生。其中有两个最著名的阴谋论观点，一个是地球是平的，另一个是人类从未到过月球。但讽刺的是，这两种说法都可以非常轻易地被推翻。就算一个人学的物理学知识只是皮毛，也会知道天体上所有物质都会同时受到天体自身内部引力的影响，而一个足够大的天体，比如地球，就会因来自其内部的引力而成为一个球体。

　　而针对人类是否到过月球这个问题，仅需对当时的历史背景和技术水平进行细致的分析就可以发现，尽管风险重重，但当时的人类完全具有登月的能力。不仅如此，人类还曾六次登上月球（即"阿波罗11号""阿波罗12号""阿波罗14号""阿波罗15号""阿波罗16号"和"阿波罗17号"）。然而除了以上两种观点之外，还有一些与天文学有关的阴谋论说法则没有那么明显了。

其中一个就是所谓的"远古外星人"。它听起来是那么简单，令人遐想。一些外星人穿越光年，在银河系中游荡，最终来到了我们的地球，进入人类社会。他们的目的是什么？是否能带来巨大的科技进步，让我们与其他文明建立星际联盟？还是为人类带来了和平的消息，鼓励我们继续发展，总有一天能达到他们的科技水平？对于提出这一观点的阴谋论者来说，这些外星人很贪玩。他们来到地球，就是为了将一块石头垒在另一块石头上，因为那些古埃及人看起来并没有能力做这件事，如果没有外星人帮助的话，金字塔是不可能建造出来的。

　　如果我们被这些错误信息迷惑，那么就很容易觉得这一切都太明显了，外星人一定在数千年以前造访过地球。而且吉萨金字塔群的三座金字塔代表猎户座"腰带"的三颗星，这个理论也是错误的，古埃及人只能是借助某种人为刻画的图案作为模板来建造金字塔。甚至有人会凭借对"罗塞塔石碑"和古埃及文明的了解，认为猎户座对当时的社会没有任何象征意义，而且他们的星座系统与我们今天的星座也是不同的。

　　还有人提出，金字塔的方位和尺寸都太完美了，那时的人们不可能具备合适的工具来加工石块，并完成建筑金字塔的任务。

我完全可以写一整本书，甚至好几本书来提出证据，反驳以上这些观点，阐述"远古外星人"假说为什么是完全行不通的。但其实无需这样麻烦，只需反过来从另一个角度来考虑这个问题就行了。假设我们来自一个外星文明，拥有比现代人类科技更高的技术水平，星际旅行对于我们这个文明来说轻而易举，就像乘坐公交车一样简单。甚至可以说，它就是一项例行工作。

但首先遇到的问题就是，银河系实在是太大了。仅恒星就大约有 2000 亿颗，平均每颗恒星周围又围绕着至少一颗行星，当然，实际情况可能各不相同，比如 TRAPPIST-1 周围就有 7 颗行星，同时也存在周围不存在行星的情况。总之，银河系中至少有 2000 亿颗行星，其中的一些为气态巨行星，另一些为荒芜的岩石行星，只有极少数为潜在的宜居行星。

其次，还尚未考虑文明的星际旅行能力到底有多强。如果不能通过虫洞或其他类似的方式在银河系中快速移动的话，那么事情就更简单了，因为这个文明的认知将受到光速的限制，因为光速是信息在银河系中传播的速度。

这是一条不容忽视的细节。因为当我们仰望星空时，我们看到的是星空的过去。比如说我们看到的太阳其实是它 8 分钟以前的样子，这是太阳光到达地球所需的时间。我们看到的半人马座阿尔法三星系统是它 4 年以前的样子，我们看到的仙女星系则是它 250 万年以前的样子。所以对于这个外星文明来说，只有他们捕捉到明确的人为信号时，才能够确定这里的确存在智慧生命。

可以随意选择一颗行星作为星际旅行的目的地吗？当然可以。但这有意义吗？走近一颗看似宜居的行星，看看上面是否有生命存在，这样做的价值何在？不要试图回答这些问题。也许你觉得你有能力回答，但事实并不如此。除笼统地说明之外，没有一个人能解释清楚外星文明的所作所为。

比如对于地球上的生灵来说，生存和繁衍是一种非常强烈的本能。但我们不知道其他外星文明经历过什么，他们的社会如何发展，又是怎样看待这个世界的。这些因素决定了他们的行为，也决定了他们看重什么，不看重什么。所以我们无法得知他们会怎么做。也许一些对人类来说很基础的概念，对于他们来说却是不可思议的，反之亦然。"先驱者号"探测器携带的光盘就是一个很好的例子。与"旅行者一号"和"旅行者二号"一样，"先驱者十号"和"先驱者十一号"均携带了一张刻有人类和地球信息的光盘。

此前我在书中已经说过，这两艘"先驱者号"探测器所携带的光盘上有一个箭头的符号，可能会为其他文明造成理解上的困难，因为并非所有文明都有和人类相似的历史和经历。此外，光盘上还刻画了一个男人和一个女人的形象，以及他们的生殖器官，这也是存在争议的。

这些对人类来说是很普通的，但请试想一下，我们如何仅凭直觉判断这些外星文明应去造访哪颗星球，又该如何运用他们的技术呢？所以，我们没有必要刨根问底到底哪颗行星会引起他们的注意，这个问题是没有意义的。

再说一遍，这是 2000 亿颗恒星，以及至少 2000 亿颗行星。前几章中已经说过，银河系中可能有数十亿颗宜居星球。所以我们要问的第一个问题就是，地球是否离其他潜在的文明很近？随之而来的第二个问题是，他们看到的地球是什么样子？

这才是问题的关键之处。在 100 光年之外的地方，地球看起来就是 100 年前的样子。而 10 000 光年之外的地方，地球看起来则是 10 000 年前的样子……我们在第五章已经探讨过"技术征迹"，也已了解人类的第一条技术信号发送于 1936 年。因此，在此之前，地外文明几乎不可能造访地球，也无法得知人类文明的存在。他们顶多可以发现地球上存在复杂生命体，但无法明确确定这里是否已经诞生了文明。

如果不可能通过虫洞或其他类似形式实现星际旅行（别忘了，到目前为止都尚未发现虫洞的存在），且最高仅能达到接近光速的速度，那么我们就不会去关注一颗位于 2000 光年以外的行星。但最令人唏嘘的是，从整个宇宙的角度来看，这个距离不过咫尺。我们距离银心 26 000 光年，而一般认为银河系直径长 120 000 光年。也就是说，就算可观测宇宙中有数万亿座星系，仅银河系这一座就已经完全足够我们探索了。

如果无法在太空中快速移动，天体在太空中的间隔距离可能会成为主要的限制因素之一。这不禁让我们思考，哪里会存在智慧生命呢？两个文明同时出现在同一个行星系统中的概率有多大？他们又将如何表现和发展？对此，人们已经提出了一些浅显的假设，比如"有生源论"，认为生命可以从一个星球迁移到另一个星球。

没有任何证据表明，如果同一个行星系统中有两颗宜居星球，生命就均能在这两颗星球上诞生和进化。比如说金星和火星，如果它们走上了与今天完全不同的演化道路，那么上述情况就有可能发生。而在 TRAPPIST-1 的行星系统中，恒星周围有很多颗距离很近的行星，这就很有意思了。2015 年，研究人员杰森·斯特芬（Jason Steffen）和李恭洁（音译，Li Gongjie）发表研究《多宜居行星系统中生命的动态行为》。研究发布于恒星 TRAPPIST-1 被发现之前，主要受到系外行星 Kepler-36b 和 Kepler-36c 这两颗相距很近的行星启发。二者均位于恒星的宜居带之外，故两位研究者希望了解，如果它们处于更合适的位置，生命是否可以扩张到系统中的其他星球。最终他们给出的结论是肯定的，没有什么可以阻止生命的传播。

所以，假设有两颗星球，均像地球一样进化出了完整的生命形式。随后每隔几年他们抬头仰望天空，都可以看到另一个星球的样子。逐渐地，他们就会知道自己并不是宇宙中唯一的生命。如此一来，他们将如何与对方相处？如果需要通过无线电沟通（此时的沟通效率是很快的），对方可能会产生各种各样的反应。也许是乐观和充满希望的，但也可能由于未知而产生怀疑或担忧。也许更发达的文明希望加强其统治地位，帮助另一个文明发展，达到相同的技术水平。但根本问题还是一致的，这个问题同样也可以问我们自己：如果发现了第一座外星文明，我们该如何反应？

　　也许我们将无法在短时间内回应另一个文明。如果宇宙中的确存在两个正在相互接触的文明，那么这种情况不仅会发生在我们身上，对宇宙所有可能存在的智慧生命来说，都是如此。

　　还有一种限制因素，那就是人类的生存。因为人类似乎注定走向灭绝。也许是因为一颗很大的小行星，而我们还不具备可以避免撞击能力。也许是因为附近的一颗超新星爆发（当然现在还无需担心，因为在未来的几千年以内，地球周围并不存在这样的一颗恒星）。也许是因为其他更加罕见的可能，比如伽马射线爆发，会将整个地球化为灰烬。

此外还有另外一种不可避免的情况，不管一个文明是否能够迁移至其他星球，都会面对这个问题。若文明不会提前灭绝，在未来的某一刻，都将要面临宿主恒星的死亡。对于人类来说，这一时刻将在45亿年后到来。但从人类的角度来看，距离太阳死亡的时间还有很久。而在更近的未来，11亿年后，海洋将会蒸发，地球将不再是一个宜居星球。届时如果人类依然存在，一定会拥有更加先进的技术，让我们去往太阳系的其他地方，无论是在轨道太空城还是在其他天体的表面。

然而，太阳的死亡将会对整个太阳系都产生深远的影响。水星、金星甚至地球都会在红巨星阶段走向灭亡。连木星和土星也会因过于接近太阳而不具备宜居条件。但随后，当太阳进入白矮星阶段，一切又将发生巨变。如果一个文明无法以极为接近光速的速度进行星际旅行，那么它将不得不在自己所在的星系中面对恒星的衰亡。可讽刺的是，如果他们能够顺利存活下来，在接下来的数十亿年中，他们的生存环境又会重新变得宁静，比恒星垂死之际时要平静得多。

所以在恒星残骸周围真的能寻找到生命吗？这个问题似乎不会有什么答案。中子星周围的环境极度恶劣，黑洞周围就更不用说了。但白矮星的情况不同，对此，研究人员约翰·格尔茨（John Gertz）在其研究中提出，白矮星周围可能存在外星文明。

白矮星内部已不再发生核聚变，所以它会逐渐释放热量，慢慢冷却。这个过程极为缓慢。就太阳来说，它处于白矮星阶段的时间甚至比主序期还长。所以格尔茨认为可以将白矮星纳入考量的范围。

在距离恒星残骸周围的某个合适位置，应当会存在一片宜居区域，在那里，行星的表面可以出现液态水。但目前为止，关于白矮星周围宜居行星的研究数量还不多。实际上，在恒星走向衰亡期间，行星将会发生深刻的变化，所以以上假设也很可能是完全行不通的。不过，如果一个文明可以在分布在各地的轨道太空城中舒适地居住，且能够自如地运用周围的各种元素，那以上假设就无关紧要了。

如果文明附近没有其他宜居地，他们能做的大概只有尝试存活下来，度过恒星的垂死期，留在自己的星系中。因为白矮星阶段后，恒星将不再发生太大的改变，只会不断降温冷却。据统计，宇宙所有的恒星中约有15%为白矮星，所以它并不罕见。也许对于一个文明来说，在经历了最艰难的时刻之后，他们可能不会再有其他理由支撑自己离开自己的家园。他们将在那里度过接下来的数十亿年，在这段时间里，科技将继续发展，或许有一天会发现另一颗距离合适的恒星，周围有宜居的星球。

但别忘了，这里还会有一些无法忽略的限制性因素。文明能存活多久？现阶段我们尚未找到任何文明，是否因为这些文明终会走向灭亡？这个问题不好回答，因为很难将一个文明整个从星系中毁灭。

文明从诞生到变为一个星际社会，这段时间应该是最富有挑战性的。因为此时，它将受到大自然的摆布。小行星的大撞击，冰川作用，极为活跃的火山活动……都有可能摧毁这个文明。而文明本身却很难确保自己能存活下去。所以说，成为一个星际社会应当是一个文明的首要目标。一旦一个文明能同时生活在多个地方，从某种程度上说，它就可以达到永生。这就是为什么人类一直希望在火星上建立一个居住地。

这样的话，如果地球上发生了什么灾难，人类这个物种就还能在火星上延续下去（不过生存环境如何就要另说了）。但如果发生了一场能将整个文明全部抹去的超新星爆发，人类就必须成为一个星际社会，才能最终度过这场劫难。但若是只能去往较近的恒星附近，那结果还是一样的，依然会受到这场超新星爆发的影响，必须到达更远的地方才能保证这场灾难不会波及人类在其他星球的居住地。此时，可以说这个文明从某种程度上已经达到了永生，只有当宇宙也走向衰亡的时候，才能彻底结束它的发展。

幸好，超新星爆发、伽马射线暴等类似天文现象都是极为罕见的，它们带来的威胁远比不上小行星撞击或大型火山喷发。

但这仍然是我们可以思考的一个方向，就像哈佛大学天体物理学教授亚伯拉罕·勒布（Abraham Leob）所说，如果确有曾经存在的其他文明，那我们就可以不再重蹈他们的覆辙。若银河系其他地方还存在生命，人类可能就不是宇宙中的第一个文明。

会有文明幸存下来，当然也会有文明被淘汰。或许人类之前的所有文明都已经灭绝。甚至反观人类自己，也早已发明出能够摧毁地球大部分生命的武器。

尽管我们很不愿意承认，但这种情况或许不是只有人类独有的。现在，地球的气候正因人类自己而改变，家园的环境甚至将不再有利于人的生存。如果不采取适当的措施，人类将走向自我毁灭……在银河系历史上，这一场景或许也已经发生过多次了。

因此勒布认为，应去寻找人类之前其他文明的残骸和遗迹，或许它们就在太阳系中。如果真的找到了，就能够得知这些文明是因何而消失，从而从他们的失败中汲取教训。那么，假设我们真的找到了这样一座文明的遗迹，它正是因为气候变化达到了不可逆点而灭绝的……

考虑到人类对地球的所作所为，这对我们来说将会是一个警告。同样，如果在分析某颗系外行星大气成分时发现了核元素，而行星上却未能发现任何高智慧的外星生命，那么就可以推测，这里曾经发生过一场核战争，终结了星球上的文明。于是就可以说，20 世纪末的那一场核危机，曾险些将人类带往一条无法回头的道路。顺着这个思路，还能继续想象出很多可能发现的遗迹，以及它代表的结局。

为什么这很重要？当然不是因为勒布提出地球周围可能存在古老外星文明留下的遗迹（或者说，至少不是因为它们很丰富），而是因为它能够提醒我们，从技术角度来讲，人类文明依然十分年轻。人类科技才发展了不过几个世纪（标准不同，时间也不同），其他文明的残迹将帮助我们了解以后的路可能是什么样子。而我们总是倾向于把未来想象得十分美好，有一个先进的社会，所有人都怀揣善意，在银河系其他地方建立殖民地，一切都是如此妙不可言。

但现实世界并不如此。我们当然可能会成为一个先进社会，但同样也可能走向消亡，且银河系中的其他智慧生命（如果有的话）都不会了解到我们的存在。我们还有很长的路要走，还有很多的问题要回答。甚至连亚伯拉罕·勒布本人都曾说，也许人类还不够成熟，我们还没有能力回答那些自己提出的问题。

也有人提出，银河系中的确还有其他外星文明，且均比人类文明更发达。他们彼此之间一直保持联系，形成了一个和谐共处的星际联盟，小心翼翼地观察着那些银河系中更加原始的社会。

这个星际联盟会一直默默做一个旁观者，看着其他文明慢慢演变发展。直到他们的科技达到了成熟的水平，能够向星系其他地方迁徙了，才会向其暴露自己的存在，就像是一场来自星际社会的欢迎仪式。这也是卡尔·萨根在其著作《宇宙》中提到的，没有发现智慧生命迹象并不代表他们不存在。我们应当尽情发挥想象来尝试解释这个问题。

毕竟对于一个极为先进的文明来说，为了不影响我们的发展，他们应该同样具备隐藏自己的能力，直到我们的社会发展到了合适的程度，才决定揭露自己的存在。对吧？

现在，在无穷无尽的可能性之中，我们已经来到了旅程的尾声。可以不再关注那些可能散布在银河系各个地方的宜居世界，而是重新回头看看我们人类自己。回望过去，展望未来，反思其他外星文明带来的"前车之鉴"。我们知道，一旦满足条件，地球上就出现了生命。而在这之前，也许还存在过另一个社会。同时我们也可以思考未来，当人类文明变成星际社会，又将如何发展。

第十四章
过去与未来的文明

　　说到外星文明，一般都会认为他们处在一个远离地球的遥远地方，隐藏在银河系之中。人们一直期待着某一天能发现他们的信号，证明人类在宇宙中不是孤独的。然而却很少有人认为，寻找外星文明其实无需看得太远。但有时正是这种稀奇的想法能够让人获得更大的启发。2018 年，加文·施密特（Gavin Schmidt）和亚当·弗兰克（Adam Frank）发表了一篇文章《志留纪假说：有可能在地质记录中发现工业文明吗？》。

　　在这篇文章中，两位科学家提出了一个奇特的观点。我们都知道人类是地球历史上唯一一个发明出机械、电力和大规模通信系统的物种，换句话说，人类文明已经成为一个工业文明。且目前为止，尚未发现任何人类以前文明的痕迹，没有化石，也没有地质记录。但尽管如此，两位科学家仍然提出了这个问题：如果几百万年前还有过另一个工业文明，我们能够从地质记录中发现他们存在过的证据吗？在此基础上，他们还进一步探讨了如何用相关特点寻找其他外星文明。

不过还是需要强调一下，我们探讨这个问题并不是在暗示人类之前的确存在过其他文明，而是在拓展想象力，以便了解在其他地方等待我们的是什么。理由很简单，外星文明其实和我们一样，都是从一个起始点发展而来。发展到某一程度之后（或许和我们水平相当，或许比我们更强，这并不重要），他们也将成为一个工业文明。

在这里，首先要问的第一个问题是：出现工业文明的频率是多少？先不要想那些更先进的外星文明了，只是先思考一下这个问题。此时，和本书中提到的其他情况一样，问题的解答也面临着同样的麻烦。由于人类是已知的唯一一个工业文明，我们不知道该从何着手回答这个问题。更糟糕的是，就地球历史而言，人类的存在就像呼吸一样短暂。而人类步入工业社会，也不过就是几个世纪之前的事。

为此，科学家们借助"德雷克方程"为这个问题添加一些限制变量，并且还创造性地提出，在星球历史上，工业文明可能在不同的时期出现。也就是说，人类可能是地球上第一个工业文明，但并不是唯一一个。此外，他们还试图在地质记录中追踪一些工业文明留下的痕迹，其中包括碳、氧、氢或氮同位素的检测。

同位素是同一化学元素的变体，质子数相同，但中子数不同。同位素的变化可能是由于温室气体的排放和化肥的使用而造成的。此外，科学家们还可以追踪河流和海岸沉积物的沉积速度，如果速度增加，则可能是由农业活动、森林砍伐和运河建设造成的。甚至如果出现了家养动物或发生了物种灭绝，也可能是受到了工业化的影响。

但科学家们并不满足于提出假设，他们还亲自回顾研究了地球的历史，尤其是温度出现升高的一些历史时期，比如 5600 万年前的"古新世 - 始新世极热事件"。在这些时期中，如果温度升高了 5 ℃ ~ 7 ℃，则可以怀疑这里是否曾经经历过气候变化。此外，如果还发现了碳同位素和氧同位素，以及其他可疑的痕迹，则均有可能与工业文明影响有关。科学家们还提出，可以调查地质记录中沉积物成分的异常情况，并与化石记录进行比较，寻找曾在那段文明中生存的物种。

不过科研人员认为，在地球上，人类之前并不存在更早的文明，也就是所谓的"志留纪假说"还有待验证。因为当地球历史上出现气候变化时，一般还会伴随着火山活动和构造变化。而且就人类今日对地球的影响来看，人对气候方面的影响远快于地质层面的变化。

这项研究最引人关注的一点是它的研究结果可以应用到火星和金星上。如果几十亿年前，这两颗星球上曾经出现过工业文明，那么他们一定会在地质记录中留下一些痕迹。

实际上，这项研究最大的目的就是为我们提供另一种可能性。虽然尚没有证据证明地球在人类之前还出现过其他文明，但火星和金星曾与地球是十分相似的，那里是否有可能诞生过不及人类发展水平或水平相当的文明呢？如果确是如此，那我们就可以在它们的地质记录中找到答案。此时，便无需再向太阳系之外费力寻找了，至少无需面面俱到了。当然，现在的太阳系中并不存在其他文明。但在过去，在人类出现之前，也许曾有一个文明居住在金星或火星上，并在成为一个星际社会之前就走向了消亡。

这一发现将会震动整个人类社会。一方面，它得以证明人类在宇宙里并不是孤独的，宇宙历史中还存在过其他文明，他们甚至就在太阳系内。另一方面，它说明"大过滤器"可能仍在未来，我们还要继续努力，应对大型小行星或彗星撞击带来的威胁，避免物种的灭绝，确保物种的延续。此外，它也能引发我们的思考，或许宇宙中有数量丰富的文明，但它们均未能长久存活下去。

时间是一个非常关键的问题，科学家们也探讨过许多次了。在宇宙历史中任意时间内出现一座文明的概率是多少呢？以现在的人类为证据，似乎总有理由相信宇宙的过去曾存在过文明，或宇宙的未来将会出现其他文明。

然而还需要考虑另一个问题，多个文明同时出现在同一时间的概率又有多大呢？光速的限制越大，这个概率就越低。也许在人类之前的最后一个文明是在十亿年前消失的，而下一个文明在接下来的十亿年间也不会出现。这时，所有的文明都是彼此孤立的，在时间上不与其他任何一个重合。然后随着时间的流逝，这些文明终将走向灭亡。只有这样的结局才与我们观察到的情况相符。

首先，生命所需的必要元素在宇宙中是分布广泛且相当丰富的。其次，银河系其他地方并未发现文明活动的迹象。有没有可能是因为生命仅在少数的行星上出现呢？当然有可能。但同样也有可能是因为文明虽频繁出现，但寿命都不长，无法离开他们的故土踏上星际远航。

在往年发表的大量科学研究中，一些科学家提出了十分奇妙的观点，另一些科学家的想法则更加落地。作为前者的代表，米兰·瑟科维克（Milan Cirkovic）和布兰尼斯拉夫·武科蒂奇（Branislav Vukotic）于 2016 年发布研究《长期前景：减弱超新星爆发和伽马射线暴对智慧生命的威胁》，刊载于《宇航学报》。文章论述了以超新星爆发为代表的宇宙灾难，会对科技发达程度超乎想象的先进文明（即达到"卡尔达舍夫等级"的"三级文明"级别）产生怎样的影响。

对于人类来说，我们就算使尽浑身解数，也难以避免灾难性的极端宇宙现象。但对于一个能够自如操纵太空空间、建设大型建筑的文明，也许是可以做到的。研究人员提出，就算他们的技术再先进，利用人类现有的科学技术和设备，也是能够检测到他们的存在的。但问题在于，这个概率实在是太低了。银河系中平均50年发生一次超新星爆发，那它发生在一个超发达文明附近的概率又有多高呢？也许概率极低，连提都不用提。但我们仍可以从理论的角度展开分析。

在这里，我们要寻找的是所谓的"戴森式SETI"（Dysonian SETI），也就是寻找那些只有高度发达文明才能建设的结构所留下的痕迹。它其实就是"戴森球"概念的演变，告诉我们不要仅仅关注无线电波，等待接收外星信息，从而发现外星文明。

但这一理论的局限性在于，人类对科学技术和发展情况的幻想其实完全受制于我们自己。我们无法超越当前的科技发展水平，想象并不存在的科学技术。也就是说，所谓"戴森球"也不过就是人类技术的一种延伸，即弗里曼·戴森（Freeman Dyson）于1965年提出这个假说时，人类社会已经拥有的技术变体。

不过，科学家们也提出了一些更加普通的办法，无需进行天马行空的幻想。比如分析系外行星的大气，寻找氯氟烃等化合物，证明类人类文明曾经存在。因为文明在其生存的过程中，总会在某一时刻来到和人类文明相似的水平。如果人类污染了地球大气，其他文明也很有可能犯同样的错误。此外，还可以暂时忽略对智慧生命的搜寻，只关注复杂生命体，比如行星地表的植被。

但无论科学探索如何进行，我们都需要思考搜寻外星生命（不管其智慧与否）所带来的影响，以及人类科技的发展对整个社会的作用。对于是否存在外星文明这件事，尚未找到明确证据，但他们很有可能就在银河系的某个地方。当研究越来越丰富，观测越来越多，我们也能逐渐完善对宇宙的认识。有时是解开一个非常久远的谜题，有时是提出一个新的疑惑，并且要等上数年甚至数十年才能找到答案。

其中一个例子就是宇宙的膨胀。就目前对宇宙的了解，宇宙各个地方的膨胀速度应当都是一致的。然而，观测却发现地球附近的宇宙膨胀速度更快，更遥远、更年轻的宇宙膨胀速度更慢。这深刻改变了我们的看法，迫使我们重新思考现代宇宙学的理论。

在寻找外星生命时，也发生了类似的事情。仅几十年前，科学家认为大部分恒星周围都没有行星。而现在，研究发现所有恒星周围都至少有一颗行星。这一发现极大增加了恒星宜居带内发现行星的概率，同时也极大增加了在银河系其他地方找到生命的机会。这说明，无需实际在地球之外找到生命，我们的观念已经发生了改变。

现如今，木卫二"欧罗巴"和土卫二"恩克拉多斯"均引起大家的兴趣，它们的海洋中可能拥有孕育生命的条件。以此类推，银河系中可能还有很多相似情况的星球，甚至可能比地表上有流动水的类地岩石行星还要多。恒星 TRAPPIST-1 周围有七颗岩石行星，其中三颗位于宜居带内，不禁让我们思考"有生源论"所提出的观点或许的确可以成为生命传播的有效途径。

但尽管如此，我们也很有可能永远都无法找到外星生命。也许人类在宇宙中就是孤独的，或者说就人类现阶段的科技水平而言，能看到的就是这样的结果，无法回答是否在宇宙其他地方还有生命。一些科学研究表明，也许宇宙中有数量丰富的文明，但它们都在可观测宇宙之外，完全超出了人类的能力范围。这一切仅仅是因为他们的光还没有走到地球。

当然，也有可能是因为宇宙中的生命是罕见的，两个文明同时出现的可能性极低。但不论出于何种原因，人类仍然可能是宇宙中唯一的文明，就算这个可能性再低也无法将它排除在外。面对这样的情况，一定会产生一个不可避免的问题：如果真的发现了地外文明，我们的整个社会要如何反应呢？

要回答这个问题，首先遇到的障碍就是，上述情况不会立即发生，但也不会让人等待太久。也就是说，人们不会立即确认是否真的发现了外星文明（除非证据确凿），而是需要大量时间来排除所有的可能性。比如说，假如真的找到了生命迹象，首先就是要看看它是否为自然产生的，因为这种情况并不符合外星生命的条件。

随后，需要确认这个迹象是否真的是由一个外星文明发出的技术信号。也许还需要进行二次观测，才能确定它的真实身份。也许它不过就是一个昙花一现的自然现象，容易与人工信号发生混淆而已。从发现信号到确认信号，一般需要数年或数十年，随后这一发现才会真正对社会产生影响，因为人类终于需要面对这个现实：人类并非宇宙中唯一的智慧生物。

若情况正好相反，也许会更加令人沮丧。如果明天就向全世界宣布，宇宙中确实没有其他生命，我们又会作何反应？此时，也将需要用很长时间才能最终确认这条信息的真实性。因为总还有一种可能，人类下一代的天文望远镜会比上一代更强，可以发现此前逃过我们双眼的外星人踪迹。

总之，在搜寻外星生命这件事上，人类不会轻易放弃。我们可以对自己说，或许银河系中没有生命，但仙女星系中有，这样我们就可以获得更多时间来面对这件事情。不过，假设有一天人类真的确认了没有其他地外文明，那时作为个人该如何应对？作为整个社会又该采取什么行动呢？其中一种可能是，除非人类已经知道自己比想象中更独特，那么一切还将和之前一样。

我们的地球上出现过这样一件不可思议的事情，如此罕见，在银河系其他任何一个地方都没有发生，或者说目前还不足以探测到其他地方的生命迹象。对于一些人来说，这会促使他们去寻找宗教的慰藉，而对于另一些人来说，这不会造成任何不适。因为人类一直是这样活着的，一直仿佛自己就是宇宙中的唯一。我们不曾与其他任何一个文明有交集，也不担心明天会发生什么。如果人类真的就是宇宙中独一无二的文明，顶多会影响那些多以外星人为主题的科幻作品，它们可能就会被定义为奇幻作品了。

还有一种可能性是人类发现了地外智慧文明……但却没有办法和他们建立联系。也就是说，我们会非常平静地得知宇宙中还有其他文明，但只能通过延迟数十年、数百年，甚至数千年的信息传送来与他们联络。也没有什么所谓的星际联盟，不会在人类科技成熟后突然出现，欢迎我们加入组织。星际旅行也是不现实的，只能以低于光速的速度飞行。

这时，银河系中的每一个文明都是一座漂浮在太空中的知识孤岛。是一个个积累了独特经验和知识的社会，知道其他文明的存在，但却无法取得沟通。每个文明中的生物都可以尽情幻想，居住在其他世界中的生命会是什么样子，他们会如何度过自己的每一天？甚至还可以想一想，那些生物头顶的天空和他们的太阳。但总而言之，不会对其他世界产生任何影响。

试想如果这种情况发生在我们身上。假如明天就将宣布，在地球 140 光年之外的太阳系某处发现了一座外星文明。从宇宙的角度来看，它其实离我们很近。但实际上我们却无法与之取得任何联系，因为从地球发出信息到接收到回复，需要将近 300 年的时间。我们只能通过好几代人的努力，以世纪为时间尺度来尝试保持通信。

对于发现外星文明的这一代人来说，这一消息造成的轰动仅会持续几周，具体产生的影响我也已经阐述过了。

而在科学界，它的余波将会维持更长时间。科学家们会针对外星世界的宜居性展开各种各样的研究，也会推出向外星文明发送消息的项目，尝试更深入地了解他们，同时介绍发现他们的人类是一种怎样的生物。发现外星文明的首代科学家可以向他们发送类似于"阿雷西博信息"的信息，由于接收到回复还要等上 300 年，所以接下来的后代科学家们则需要承担起维持项目运行的责任。也就是说，在如此长的时间内，人们需要一直保持对这个外星世界的好奇心。

必须确保有一部分人一直怀有期望，等待着收到前代科学家发出的信息的回应。但是否真的能收到回复，这是不能确定的。另外，人们又需要多长时间来破译外星信息呢？十年？五十年？一百年？由于没有先例，所以也不好回答。

还有，如何确定外星人一定会收到我们发出的信息呢？也许那个世界并没有人在监听，当我们的消息走到了那里，却完全被忽视了，我们的等待将会成为徒劳，所有的努力都将白费。这一发现也就将这样走向沉寂。毕竟，到那时，人类也将专注于自己的目标，扩大人类在太阳系中的领地，甚至开始尝试变为一个星际社会。

但不管怎样，短时间内我们是不会放弃寻找外星生命的。这是天文学中非常重要的一个分支，它激发了人类与生俱来的天性，那就是好奇心。我们每一个人一定都曾问过自己，人在宇宙中是否是孤独的。也一定曾经幻想过，夜空中的星星上是否有外星人，那些智慧生物又会是什么样子。

我们是好奇的动物。不断提出问题并解答问题是我们的需求。而那些有关于生命的问题又是最有趣和最迷人的，因为它们与人的天性如此契合。我们想知道自己来自哪里，想知道生命的目的，进而理解生命的意义。

寻找外星生命并不能回答这些问题，但却能帮助我们明白，我们在地球上目睹的这一切到底是独特的还是普遍的。两种观点均有各自的支持者。有的人认为，地球上的生命是独一无二的，我们在宇宙中是孤独的，他们不愿意接受其他任何一种可能。但还有人认为，尽管还可能存在外星生命，也无需认真看待我在本书中提到的各类科学研究。因为在这些人看来，这些研究无异于幻想。还有一些人，比如弗里曼·戴森或尼古拉·卡尔达舍夫，则愿意发挥想象看看那些文明的技术能达到怎样的程度。

我们的旅程就要走到尾声了。在这本书中，我们一起探讨了各种各样的可能性，有的别出心裁，有的朴实无华，但均超脱我们的现实。在寻找外星生命方面，人们还有很长的路要走，才能最终得到一个确切的答案。这个答案很诱人，但我们必须有耐心，因为现有技术无法支持我们更加深入地研究银河系。虽然已经能够观测那些在宇宙只有几亿年时形成的星系，但在观测地球周围的系外行星方面，却还需要付出很多努力。很快，人类就将有机会去研究那些行星的大气成分了。

当然，开展这些研究并不意味着一定能够找到智慧生命。也许他们就在那里，但我们要迈出的第一步仍是去寻找生命，不要有太多的奢求。如果宇宙中的其他地方也能孕育微生物，那么可能复杂生命体也是存在的，甚至还有可能出现文明。

人类的历史表明，路要一步一步地走。我们不太可能在突然间发现一个复杂的、智慧的，甚至还拥有超高科技水平的外星文明。但也许这就是为什么天文学如此令人心潮澎湃，回答这些重大的问题又是如此激动人心……

结语

正如卡尔·萨根所说，这是人类有史以来第一次具备探索宇宙的能力，也是第一次拥有回答那些一直以来困扰我们的重大问题的条件。而宇宙里是否还存在其他智慧生物，就是问题之一。

我们渴望证明人类并不孤单。我们不断告诉自己，在银河系的其他地方，一定还有别的生物正在问着相同的问题。他们也会有他们的不安、期待、恐惧和梦想。但我们或许不会问自己这种坚持有多重要。在这本书中，我们一起细数了许多寻找外星生命最奇特的方法，其中大部分都完全从科学的角度出发。而最终谈及人类自己的希望时，却不免有一些失落，因为我们尚且无法找到一个确切的答案。也许也会发现我们所做的不过是一些无用功，人类的技术尚不足以来发现其他文明，或者外星人其实根本就不存在，人类在银河系中就是孤独的。

在找寻外星生命的过程中，我们经常发现，当对银

宇宙在召唤

河系其他地方观察得越深入，人们对自己就更了解。在数千亿颗恒星中，也许人类是唯一一个有能力针对自身存在提出问题的生物，甚至还有可能是两万亿座星系中唯一的生物。因此，我们应当珍惜周遭的一切，珍爱身边最亲爱的人，意识到生而为人是多么的珍贵，并且珍视自己生命的存在。也许人类又是唯一一个具有感情的生物，能够体会到爱、悲伤、快乐，能够用正确的态度看待这些情感。

如果有一天真的找到了外星智慧文明，它一定会为我们的社会带来震动。但与此同时，我们也会明白地球上的生命原来是如此值得爱惜和珍视。人们有幸能够仰望星空，询问关于自身、关于周遭、关于所处地方的问题。不管我们来自何方，要去哪里，都应对自己的命运负责。不管是不是宇宙唯一的文明，我们每一个人都是独特的，什么都无法改变这个事实。我们有义务，不浪费宇宙给予的机会。因为在宇宙生命中如此短暂的这一刻，是人创造了一系列非凡的奇迹，让你能够在这儿阅读这些文字。

所以，重要的不是外星文明存不存在，不是他们离太阳系有多远，也不是他们来自过去或是未来。真正重要的

结语

是，我们就在这里，你，我，以及数十亿的人。无需去寻找宇宙中的智慧生命，他们就在这里。如果真的有外星文明，那么我们也会与他们一起，为自己的存在而赞叹不已。

但就算他们真的存在，对于人类来说有一项使命是不会改变的，那就是让人们的每一天，让人类文明，让地球变得更好。所有人一起尽自己最大的努力，尽一份自己的力量，永远不要停下前进的脚步，让世界比昨天更美好一点。这样，我们就会变成自己一直渴望成为的那种"外星文明"，就像是一个更好的自己。怀善意，行善事，探索宇宙，询问关于生命的问题……但现在的我们显然不是这个样子。当然，也不必非要变成一个"外星文明"，也可以就做人类自己。如果愿意为之努力，那这就将会成为我们的未来，在那里，我们可以继续探索宇宙，寻找那些最繁复的问题的答案。如果不去努力，也许人类就将变成淹没在宇宙历史中的一座"失败的文明"……决定权在你我手中。

正如卡尔·萨根所说："从宇宙角度来看，每一个人都很宝贵。即使有人不同意你的观点，也与他和平共处吧。因为就算踏遍千亿星系，也找不到另一个一模一样的人类文明。"

图书在版编目（CIP）数据

宇宙在召唤 /（西）亚历克斯·里维罗著；朱婕译 .-- 长沙：
湖南科学技术出版社，2024. 9. -- ISBN 978-7-5710-2974-6

Ⅰ . P1-49

中国国家版本馆 CIP 数据核字第 2024FA4660 号

Orignal title: Más allá de las estrellas
© 2021, Álex Riveiro
© 2021, Penguin Random House Grupo Editorial, S.A.U., Travessera de Gràcia, 47-49, 08021 Barcelona
The Simplified Chinese translation rights arranged through Rightol Media（本书中文简体版权经由
锐拓传媒旗下小锐取得。）

湖南科学技术出版社获得本书中文简体版独家出版发行权。

著作权合同登记号 18-2023-165

YUZHOU ZAI ZHAOHUAN
宇宙在召唤

著者
[西]亚历克斯·里维罗

译者
朱婕

科学审校
刘丰源

出版人
潘晓山

责任编辑
杨波

出版发行
湖南科学技术出版社

社址
长沙市芙蓉中路一段 416 号泊富国际金融中心
http://www.hnstp.com

湖南科学技术出版社
天猫旗舰店网址
http://hnkjcbs.tmall.com

印刷
长沙市雅高彩印有限公司

厂址
长沙市开福区中青路1255号

版次
2024 年 9 月第 1 版

印次
2024 年 9 月第 1 次印刷

开本
880mm × 1230mm 1/32

印张
7.25

字数
95 千字

书号
ISBN 978-7-5710-2974-6

定价
40.00 元